イヌワシ（兵藤崇之画）

イヌワシ（井上剛彦撮影）

クマタカ（山﨑亨撮影）

びわ湖の
森の生き物
1

空と森の王者 イヌワシとクマタカ

山﨑 亨

サンライズ出版

はじめに

これほど存在感のある大きな鳥が滋賀県に生息しているとは夢にも思わなかった。それは「風の精・イヌワシ」と「森の精・クマタカ」である。

滋賀県で初めてイヌワシの姿を見つけてから34年。さまざまな季節で、さまざまな場所で、さまざまな情景の中で、さまざまな人たちとともに、イヌワシとクマタカを観察してきた。しかし、いまだにイヌワシやクマタカが空を翔《かけ》る姿を見ると胸の高ぶりをおさえることができない。

それほどイヌワシやクマタカの飛翔する姿は勇壮で、美しく、人の心をとらえる魅力を秘めている。イヌワシやクマタカの魔性的な魅力は、その無駄のない洗練された勇姿の美しさだけによるものではない。イヌワシもクマタカも一年中、同じ場所に生息している。四季折々に表情を変える自然環境の中で、その時々の表現力を持って存在する姿が人々の心をひきつけてやまないのだと思う。

イヌワシとクマタカはともに、日本の山岳地帯に生息する大型の猛禽《もうきん》類であるが、その形態や生態は大きく異なる。しかし、いずれも日本の山岳地帯の生態系に見事なまでに適応し、日本の山岳地帯の風景のひとつになっていったのだ。

イヌワシは翼を広げると2m近くにもなる、大きくて力強い山鷲である。全身は黒っぽい茶褐色だが、頭の後ろの羽が年齢を重ねるごとに黄金色になることから、英語ではゴールデンイーグル（黄金の鷲）と呼ばれている。イヌワシは北半球の山岳地帯に広く分布しており、世界の多くの人々がその美しさと強さに憧れを抱いてきた。そのため、王家の紋章やさまざまな装飾品のモデルともなっている。

イヌワシの魅力はその勇姿もさることながら、何と言ってもその飛翔能力にある。イヌワシは風の申し子のように風を巧みに操り、ほとんど羽ばたくことなく、広い行動圏を翔け回って生活している。空中の一点にピタッと停飛していたかと思うと、突然、翼を折りたたんでくさび形になり、弾丸のようにまっさかさまに地上に向かって急降下する。さまざまな風を捉え、翼をさまざまな形に変えることによって、自由自在に空を謳歌しているのがイヌワシである。

クマタカは翼を広げた長さは150〜160㎝ほどで、イヌワシに比べると少し小型ではあるが、翼の幅が広く、重厚感のある大型の猛禽類である。全身は茶褐色だが、翼の裏面は白っぽく、見事な横縞《よこじま》模様がある。イヌワシが主に日本よりも北に広く分布している「北の猛禽類」であるのに対し、クマタカは東南アジアに生息する熱帯雨林が故郷の「南の猛禽類」である。

クマタカは森林におおわれた日本各地の山岳地帯に広く生息し、大きくて強い鷹として知られてきた。古くから絵画にもよく描かれているし、東北地方の山岳地帯で主として狩猟により生計を立てていたマタギと呼ばれる方々はクマタカを、ノウサギを捕らえる鷹狩りに用いていた。

クマタカはイヌワシほど飛翔のダイナミックさは感じられないが、何とも言えない、とらえようのないファジーな魅力を持った猛禽類である。クマタカは森の申し子のように、さまざまな森に見え隠れしながら、したたかに森に棲む生きものを糧として生活している。森の上空を舞っていたかと思うと、すぐさま森に溶け込んでしまう。幅広い翼を巧みに操って、木漏れ陽のちらつく森の空間を自由自在に移動していく。また、時には、そこにクマタカがいるとは誰も気づかないほど、木の一部と化して何時間もじっと枝に止まっていることもある。色彩が森や樹木に溶け込むだけでなく、存在そのものも森の一部になることができる、それがクマタカである。

「びわ湖の森」は、この空と森の王者である「イヌワシ」と「クマタカ」が棲むことができる、自然環境の多様性と豊かさを持ち合わせた森である。

この大型の2種類の猛禽がいなかったら、琵琶湖の源流部の風景は何とつまらないものになってしまうだろうか。いや、この2種類の大型の猛禽が生存することを可能とするすばらしい「びわ湖の森」があったからこそ、琵琶湖は存在したのかも知れない。

目次

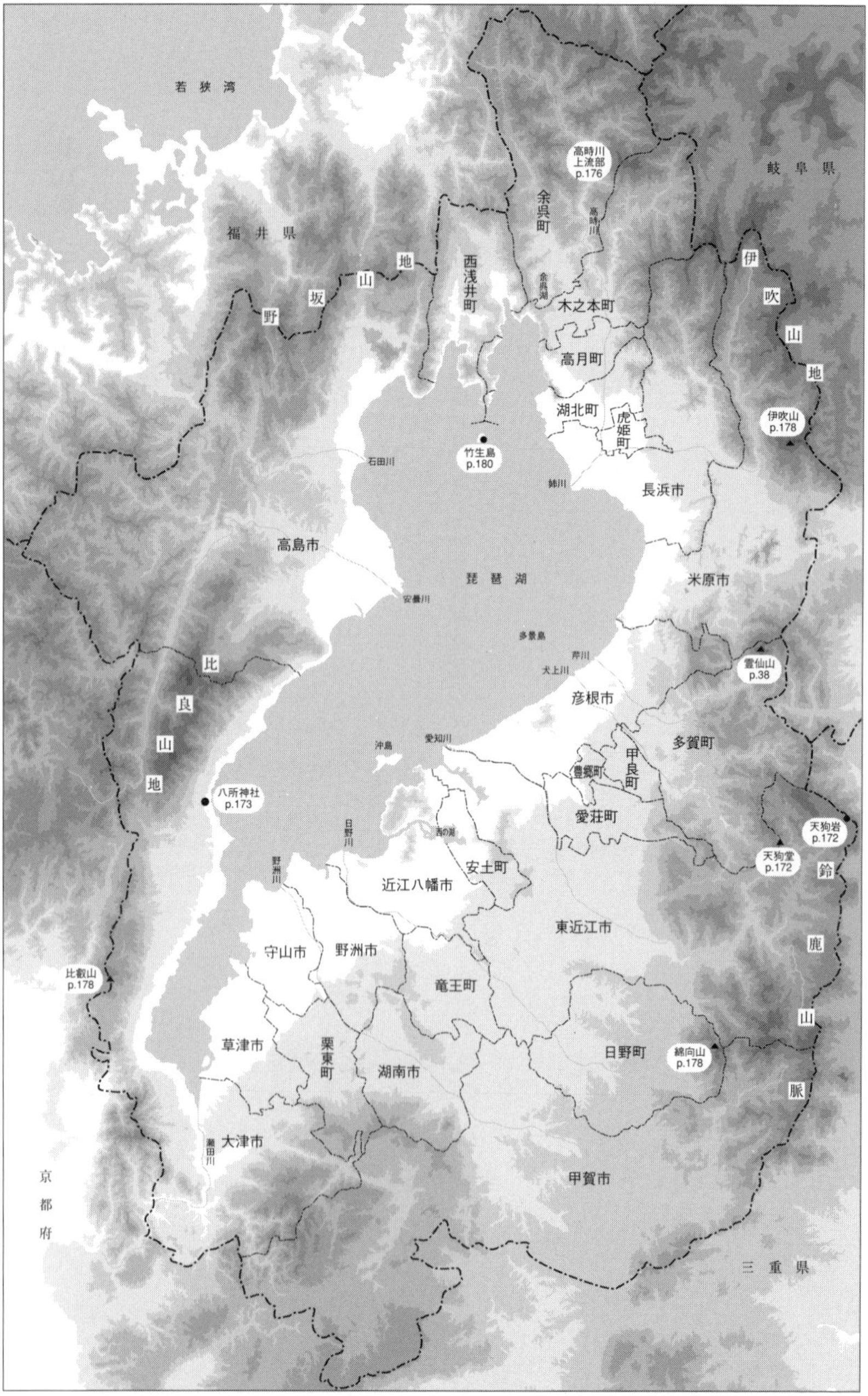

若狭湾
福井県
野坂山地
西浅井町
余呉町
高時川上流部 p.176
高時川
余呉湖
木之本町
高月町
湖北町
虎姫町
岐阜県
伊吹山地
伊吹山 p.178
竹生島 p.180
石田川
姉川
長浜市
高島市
琵琶湖
米原市
安曇川
多景島
芹川
犬上川
霊仙山 p.38
比良山地
彦根市
多賀町
沖島
愛知川
甲良町
豊郷町
八所神社 p.173
愛荘町
日野川
西の湖
天狗岩 p.172
天狗堂 p.172
野洲川
安土町
近江八幡市
鈴鹿山脈
東近江市
守山市
野洲市
比叡山 p.178
竜王町
草津市
栗東町
湖南市
日野町
綿向山 p.178
大津市
瀬田川
甲賀市
京都府
三重県

第1章 「幻の鳥」イヌワシとの出会い

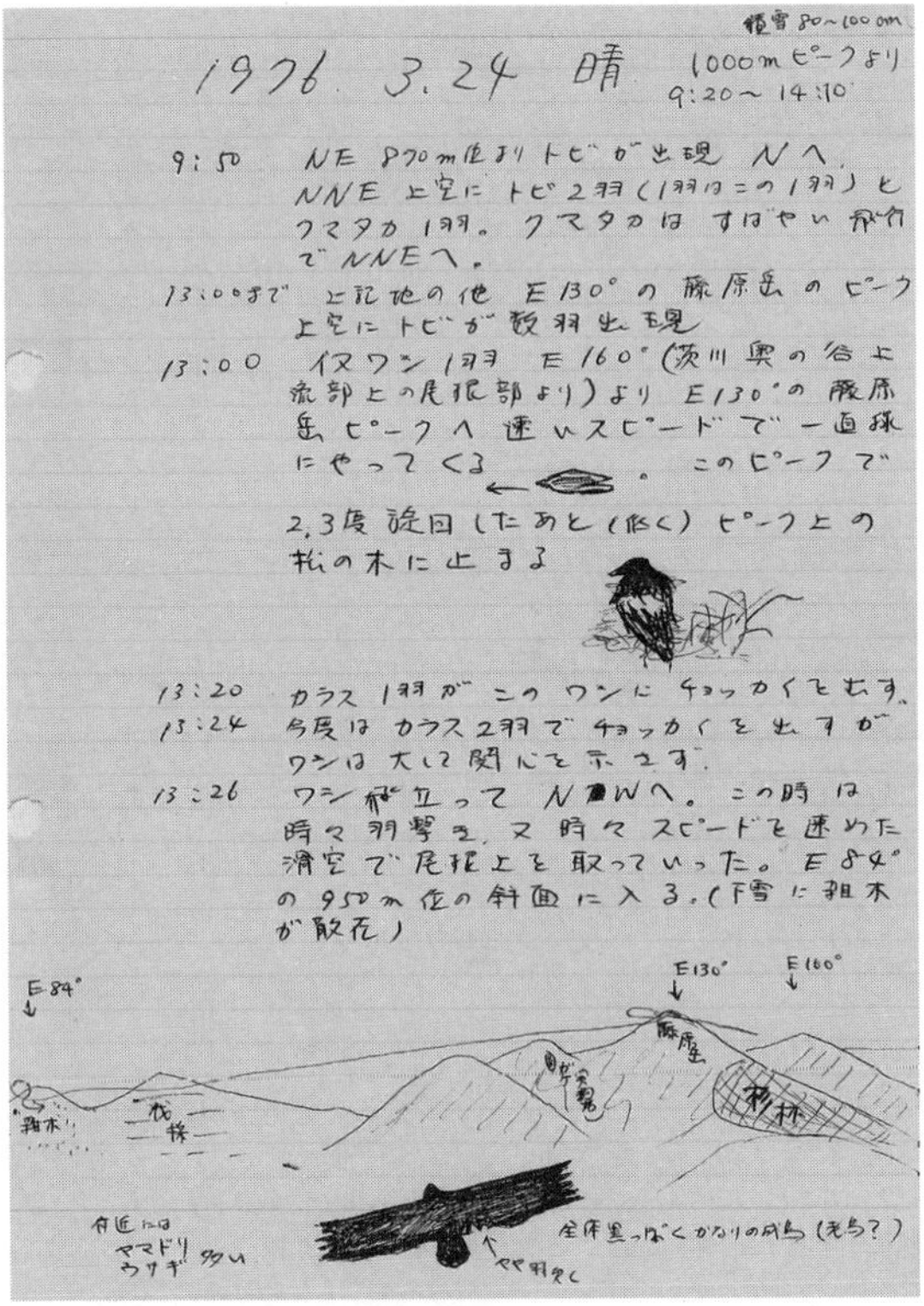

積雪80〜100cm

1976.3.24 晴 1000mピークより 9:20〜14:10

9:50 NE 870m位よりトビが出現 Nへ。NNE上空にトビ2羽（1羽はこの1羽）とクマタカ1羽。クマタカはすばやい飛行でNNEへ。

13:00まで 上記地の他 E130°の藤原岳のピーク上空にトビが数羽出現

13:00 イヌワシ1羽 E160°（茨川奥の谷上流部上の尾根部より）よりE130°の藤原岳ピークへ速いスピードで一直線にやってくる。このピークで2,3度旋回したあと（低く）ピーク上の松の木に止まる

13:20 カラス1羽がこのワシにチョッカイを出す。

13:24 今度はカラス2羽でチョッカイを出すがワシは大して関心を示さず。

13:26 ワシ飛び立ってN[redacted]Wへ。この時は時々羽撃き、又時々スピードを速めた滑空で尾根上を取っていった。E84°の950m位の斜面に入る。（下雪に雑木が散在）

滋賀県でイヌワシを初めて確認した 時のノート（1976.3.24）

1. あこがれの鳥、イヌワシ

よく人から、「いつから鳥に興味を持ったのですか？」と尋ねられることがある。もちろん、生まれつき野鳥に関心を持っていたわけではない。「野鳥の観察をやる」と決めた瞬間のことを今でも鮮明に覚えている。

私は、父親が小学校でとくに理科を教えていたこともあって、子供の頃からともかく生き物が好きだった。虫つかみ、魚つかみほどわくわくすることはなかった。毎日、毎日、小学校から帰るとすぐに近くの野菜畑で虫をとり、川で魚やカエルをつかまえていた。つかまえた虫を枕もとに置いて、その動きを観察しながら寝ることは、本当に至福のひと時であったし、アゲハチョウの羽化前の蛹《さなぎ》やセミの脱皮前の幼虫を蚊帳《かや》の中に放すことは夢のような世界の創造であった。

その頃の私は、とくに野鳥に関心が高かったわけではない。昆虫、魚、鳥、動物とあらゆる生き物が大好きだった。それが中学校1年生の時に突然、「野鳥」が私の脳を支配してしまった。ある日、風呂に入っている時、突然の雷鳴のごとく、「野鳥を観察する」という衝撃が脳裏を駆け抜け、今すぐにでも野鳥を観察したいという衝動を押さえきれない状態になってしまった。こんなことが現実にあるものかと、今でも不思議に思うが、これは事実である。

それ以来、三上山《みかみ》などの近くの山々へ、野洲川《やす》へと、ともかく野鳥を探して回った。まずは種類を確認して覚えること。その頃に購入した本を今でも持っている。保育社の『原色日本鳥類図鑑』（小林桂助著）である。今でこそ野鳥観察は社会的認知を得た趣味になっているが、その当時は、野鳥観察を意味する「バードウォッチング」という言葉すらほとんど知られていなかった。そんな時代であるから、双眼鏡を胸に掛け、長靴をはいて電車に乗ると変な目で見られたものだ。

中学校では、友人たちと朝早く学校が始まるまでに、裏山を駆け回り、あるいは自転車でさまざまな所に行って、野鳥の名前を覚えていった。野鳥は姿だけでなく、鳴き声でも識別できる。鳴き声の持ち主の姿を覚えていくと、鳴き声だけでどこにどんな鳥がいるか、すばやくわかるようになる。こうして、周囲に棲んでいる野鳥はほとんどすべてわかるようになった。

高校に入ると行動範囲が広がった。ちょうどその頃、「滋賀県野鳥の会」が設立され、すぐに入会した。野鳥の会の行事として、「探鳥会（バードウォッチング）」が開催され、県内のいろんな所へ野鳥の観察に行った。中でも春の比叡山で無数の小鳥たちのさえずりを聞いた時の森のシンフォニーの響き、琵琶湖にじゅうたんが舞い降りたかのように無数に浮かぶカモの群れを見た時の情景は、今でも鮮烈に脳裏に刻まれている。当時、琵琶湖は禁猟区ではなかった。琵琶湖を全面禁猟区にするという方針が打ち出され、滋賀県や京都大学の人たちによる琵琶湖のカモの生息状況調査に同行させてもらったことがある。私たちの乗った和船に驚き、一斉に飛び立った無数のカモが空を覆いつくし、一瞬、空が暗くなる様はそれこそ鳥肌が立つような光景であった。

図1　滋賀県野鳥の会機関誌「かいつぶり」第1号

観察を積み重ねるうちに、滋賀県内の野鳥はほとんどわかるようになり、未だ見たことのない野鳥は滋賀県には生息していないか、まれにしかやって来ない野鳥だけになった。このため、県外に行っても図鑑さえあれば、識別はそれほど難しいことではなくなった。ところが、図鑑の中で、どうしてもたどり着けない、あきらめのページがあった。68ページの「イヌワシ」の挿絵がのっているページである（図2）。その図鑑のイヌワシの説明にはこのように書いてあった。

「本州の山岳地帯で繁殖し周年生息するが数は少ない。高空を帆翔し獲物を見付けると翼をすぼめて猛烈な勢で降下して、これを捕らえる」

図2　イヌワシの挿絵（小林桂助著『原色日本鳥類図鑑』保育社刊より）

イヌワシは長野県の高山帯のごく限られたところに生息する孤高の鷲であり、まず見ることはできない、本当にそう思っていた。一生に一度見ることができればよい、イヌワシはそんな現実離れした、幻の存在だった。

2. 重田芳夫氏との出会い

転機は1973年に訪れた。同年3月26日の午後7時30分からNHKで放映されたドキュメンタ

図４　尾根上を流れていくイヌワシ（兵藤崇之画）

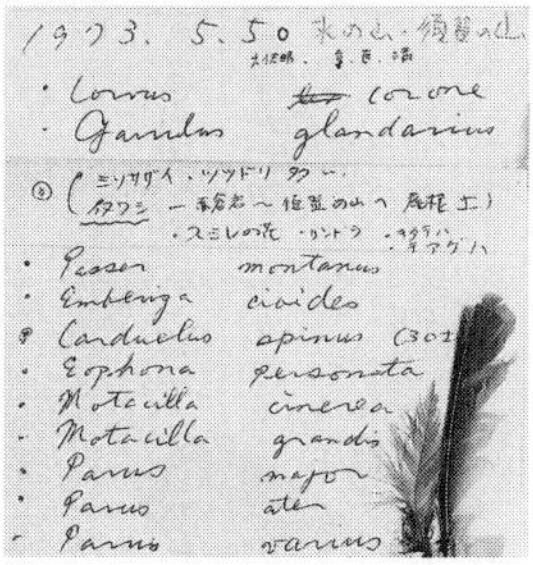

図３　氷ノ山で初めてイヌワシを目撃した時のフィールドノート（1973.5.5）

リー番組「日本の自然　イヌワシ」を見た時のことだった。真冬の日本海から横殴りの風雪が吹き付ける鳥取県と兵庫県の境界部にある氷《ひょう》ノ山《せん》（主峰・須賀《すが》ノ山《せん》の標高１５１０ｍ）の北壁に巣づくりの小枝を運ぶイヌワシの姿が映し出された。日本アルプスにしか生息しないと思っていたイヌワシが中国山地に生息し、しかも繁殖している！　繁殖生態はほとんどわかっていないイヌワシが調査可能な山岳地帯にいる。その事実をテレビの映像で知りえた時、全身が武者震いするのを感じた。本当に夢のようなことだった。自分の目で、幻の鳥の生態を観察する可能性があるということは。

この時、私は獣医学科のある大学に行くことを決め、いくつかの大学を受験していたが、この番組で迷いはなくなった。放送で紹介された氷ノ山に最も近い鳥取大学に進学することを決めた。

大学に入るとすぐに氷ノ山のイヌワシを観察する計画を立てた。１９７３年５月５日、氷ノ山のある八頭《やず》郡若桜《わかさ》町に行き、氷ノ山スキー場の裏山の林道から稜線を観察した。天候は〝大快晴〟！（私のフィールドノートにそう記載してある）。何の前触れ

図５　故重田芳夫氏

もなく、青空をバックに黒い塊がスーッと赤倉《あかくら》岩から出現し、尾根上を流れ、須賀ノ山に消えていった。今までに見たこともない、空気の抵抗を感じさせない、存在感のある飛翔。これがイヌワシとの初めての出会いだった。（図３）

　ＮＨＫで紹介された氷ノ山のイヌワシを観察していたのは、神戸に住む故重田芳夫《しげたよしお》氏であった。早速、東中国山地のイヌワシのことを学ぶため、重田さんに手紙を書いた。ぜひともイヌワシを観察したいという思いを必死に伝えた。そして、人生で最も影響を受けた一人の重田さんと出会うことになった。

　待ち合わせ場所は扇《おうぎ》ノ山《せん》山頂の避難小屋。１９７３年6月16日のことだ。霧が流れ込むコンクリートブロックで造られた暗い山小屋の中で重田さんの話に聞き入った。重田さんの野鳥の分布、生態に関する博識、本には書いていない新鮮な情報の一つひとつに胸をときめかされた。重田さんは当時57歳、私より38年も年輩の方であったが、野鳥、とりわけイヌワシの研究についての情熱はもの凄いものであった。神戸の海運会社の社長でありながら、兵庫県の山岳地帯の野鳥を調べ尽くしたと言っても過言ではないくらい、野鳥の研究に人生のすべてを費やした人だった。

　重田さんが中国山地で最初にイヌワシを目撃したのは１９６３年、47歳の時であった。今まで見たこともない、圧倒するような勇姿に魅せられて調査を始めたものの、最初は「きっとアルプスから飛来したものに違いない」と本当にそう思っていたそうだ。しかし、調査を続ける度に地図に記した飛行跡は増えていき、中国山地にイヌワシが生息していることを確信した。そして、ついに１９６９年、初めて中国山地でイヌワシの巣を発見し、すべてをイヌワシの生態研究にかけるようになってしまった。

私が重田さんと出会ったのは、まさに重田さんがイヌワシに取りつかれ、東中国山地におけるイヌワシの生息地や新たな生態的な知見を次々に発見している時であった。私のイヌワシにかける想いが重田さんに伝わったことは言うまでもない。年齢差を越えてイヌワシのことを語り合い、いつも時間が飛ぶように過ぎていった。機会を見つけては、重田さんに同行し、イヌワシを観察するとともに、重田さんの知識や観察の方法を吸収した。しかし、何よりも刺激を受けたことは、自然界の謎を解明しようとするすさまじい情熱と並外れた実行力であった。

日曜日になると東中国山地のイヌワシを求めて山に入った。大学生の私には自動車がなかったので、鳥取市内のバスターミナルまで行き、谷ごとの山村に向かう路線バスに乗らねばならなかった。さらに、終点の集落から山道に分け入り、イヌワシの生息を確認して回った。東中国山地は、冬は豪雪になり、夏はとても蒸し暑い。イヌワシの生息する所は大抵、地形が急峻であり、観察を終えて下山するとへとへとになる。しかし、幸いなことに中国山地には温泉が多い。イヌワシを観察した満足感を抱きながら、疲れた身体を山間の温泉で癒す。その後の缶ビールの美味しさは何ものにも代えがたいものであった。

もう一人、鳥取市内でイヌワシに取り付かれた人がいた。高校の先生をしていた塩村功氏《しおむらいさお》である。塩村先生は鳥取県内で長らく野鳥の観察を続けておられたが、氷ノ山にイヌワシがいることを知って、重田さんに連絡を取り、イヌワシの虜《とりこ》になった人である。山間部のイヌワシを観察に行くため、定年後に自動車の運転免許を取るほどの熱の入れようだった。私も時々、塩村先生の小さな自動車に乗せてもらい、繁殖しているイヌワシの巣を観察に行った。

1カ所、毎年繁殖するイヌワシのペアがあり、しかもここの巣は対岸の林道から巣の中の様子を観察することができたため、繁殖行動をつぶさに観察することができた。シャクナゲの咲く岸壁の巣で生育する雛はとても美しく、魅力的だった。しかし、とくに印象的だったのは、初めて見る巣立ち後の幼鳥だった。幼鳥は親ワシよりもずっと黒っぽい色をしているが、両翼の真ん中と尾羽の付け根に純白の大きな斑《はん》がある。イヌワシの雛が巣立つのは6月上旬。濃い緑の斜面を黒地に三つの白斑《はくはん》を持つ流体がすべるように流れていくさまは、たとえようのない美しさであった。

ある日、徐々に飛行技術を獲得してきた幼鳥は実に興味深い行動をとった。枯れ枝を足でつかみ、真っ青な空を背景にどんどん上昇していった。すると、突然、持っていた枯れ枝を落とした

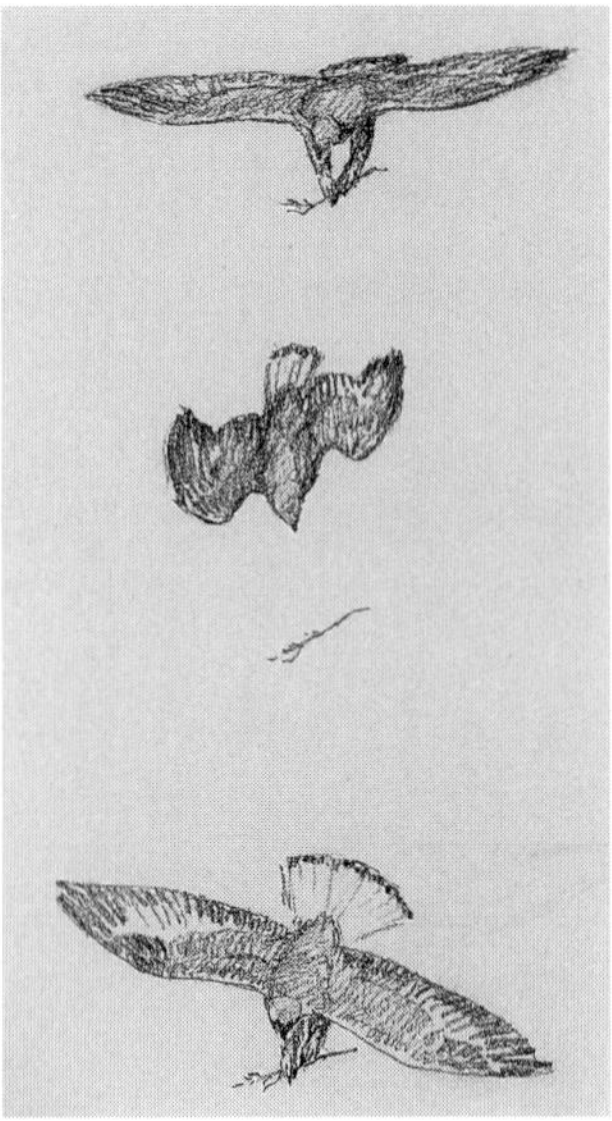

図6　イヌワシ幼鳥の枝落とし飛行
（兵藤崇之画）

のだ。その途端、幼鳥は瞬時に身を翻し、まっさかさまに地上に向けて急降下した。そして、その枯れ枝が地上に落下する直前に、突き出した両足でしっかりと捕らえた（図６）。これを何回も何回も繰り返すのだ。獲物を捕捉するハンティング技術を磨こうとしているというより、枯れ枝を使って遊んでいるようにしか見えなかった。幼鳥とは言え、イヌワシの卓越した飛翔能力のなせる技に言いようのない感動を覚えた。

3．滋賀県でのイヌワシの発見

滋賀県にイヌワシが生息していることは誰も知らなかった。当然、私も滋賀県に「幻の鳥」イヌワシが生息しているとは夢にも思っていなかった。

中国山地で重田さんとイヌワシを観察しているうちに、私は重田さんにこのように尋ねた。「中国山地にイヌワシが生息しているのなら、滋賀県でもイヌワシが生息している可能性はありますよね？」。重田さんは私の問いかけにこう答えた。

「地形から、滋賀県では鈴鹿山脈にイヌワシが生息している可能性がある」

この重田さんの言葉に、本気で滋賀県にもイヌワシが生息しているに違いないと思い始めた。東中国山地で何カ所もイヌワシの生息地を見て回っているうちに、イヌワシの生息環境がどういうものかがわかりつつあった。それは地形図を眺めているだけで、イメージが湧くようなものになっていった。やはり、滋賀県にもイヌワシが生息しているに違いない。いつしか、そんな確信を抱くようになった。

1976年3月、大学3年生の春休みに帰省し、国土地理院の5万分の1の地図で鈴鹿山脈を眺めた。ここならイヌワシは必ずいるはずと思う谷が、永源寺町（現、東近江市の東部）から多賀町にかけての所にあった。3月24日、父親の軽自動車を借りて、友人の片岡仁志男《にしお》君とともに永源寺町の谷奥に向かった。最終集落の君ケ畑《きみがはた》を過ぎ、残雪の残る林道を行けるところまで車を進めた。そこから山歩き。積雪は80～100cm。深い所は腰まで埋まるほどの雪が残っていた。しかし、最も可能性のあると思われる谷や尾根が見渡せる標高1000m付近まで行かねばならない。大汗をかきながら、やっとの思いで見晴らしのきくピークに到着。天気は晴。対岸の尾根線はくっきりと見え、視界も良好だった。

図7　初めてイヌワシの生息を確認した愛知川の源流部

観察地点到着は9：20。9：50にトビ2羽とクマタカ1羽が出現。イヌワシは現れない。やはりいないのか？　そう思い始めていた13：00、谷下の尾根部に出現した1羽の黒い存在感のある鳥が東方向のピークに向かって冷気を切り裂くように、一直線にすごいスピードで流れてきた。飛行形は戦闘機のようだ。向かって行ったピークで2～3回旋回した後、ピーク上の大きなアカマツの頂上に止まった。ただちに望遠鏡でも確認。まぎれもなく、イヌワシだ！　あまりにも劇的な滋賀県のイヌワシとの出会いに、胸が一杯になった。

13：20にハシブトガラスがこのイヌワシにちょっかいを出し始めるが、イヌワシは無関心。13：26にイヌワシは何の前触れもなく飛び立ち、北西方向へ。この時は時々羽ばたき、そしてまたスピードを出し始めた。最後は標高約950ｍくらいの斜面に入り、消失。

滋賀県にイヌワシが生息していることが証明できた以上、次はどうしても繁殖していることを確かめたい。そして、繁殖生態を研究したい、そんな熱い思いがどんどんと高まっていった。

3月28日、次は地形的に営巣している可能性の最も高い谷を絞り込み、父と二人で早朝からその急峻《きゅうしゅん》な谷に入って行った。8：09、早速1羽のイヌワシが谷の西斜面上に出現。谷を横切って東方向の上空へ消失。イヌワシの出現した西斜面を見渡せる東斜面へ登ることにした。あまりにも

図8　滋賀県で初めて発見したイヌワシの巣

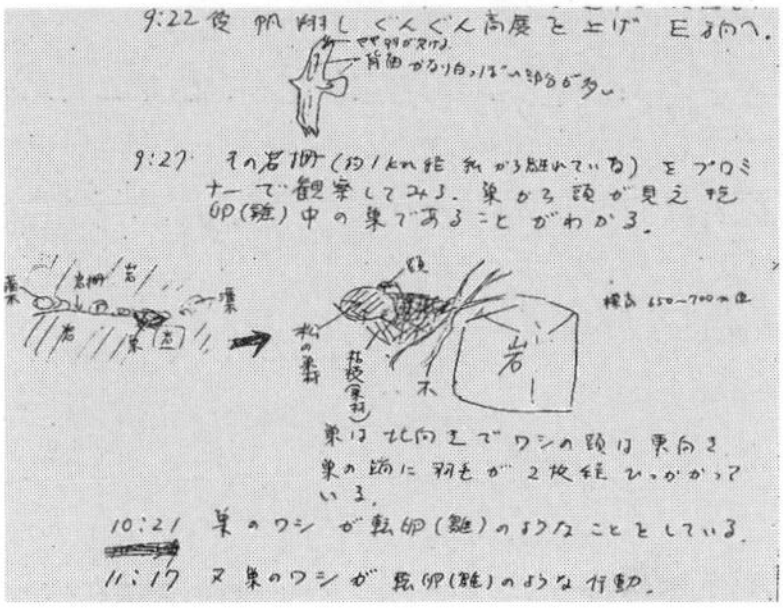

図9　滋賀県で初めてのイヌワシの巣発見時のフィールドノート（1976.3.28）

急峻な上に、岩がもろく、見晴らしの利く尾根にたどりつくのは命がけだった。

そこにはカモシカの糞が多数あり、カモシカにとっては安心して休める場所だった。そこで観察を始めてすぐ、9：13にイヌワシ1羽が南方向から戻ってきて対岸の岩崖のある斜面を低く、山肌に沿って飛んだ。2～3回旋回した後、岩棚《いわだな》（平らに張り出している岩場）に入り、すぐに出て、また同じように岩崖斜面を低く飛び、再び岩棚に入った。

すると、またすぐに岩棚から出て辺りを旋回した後、今度はぐんぐんと高度を上げ、東方向に消失。このイヌワシは初列風切羽《しょれつかざきりばね》（図10）にやや欠損があり、背面にはかなり白っぽい羽毛が多かった。9：27、はやる気持ちを押さえながら、そのイヌワシが出入りした岩棚を望遠鏡で注意深く観察してみる。私と岩棚との距離は約1km。遠いが、巣材が見える。そして、その巣の中にイヌワシの頭が見えた！　巣は北向きでイヌワシの頭は東を向いている。巣の端に羽毛が2枚ほどひっかかっている。夢ではない、本当に滋賀県でイヌワシが繁殖している。

10：21、巣に伏せていたイヌワシが立ち上がり、腹の下に頭を入れ、ごそごそしている。卵を満遍なく温めるための転卵《てんらん》という行動のようだ。11：47、巣にふせていたイヌワシが再び立ち上がり、今度は巣から出て南東方向に消失。12：10、1羽のイヌワシが巣に戻る。このイヌワシは背面がかなり白っぽく、9：13に対岸を飛行していたイヌワシのようだ。間違いなく、ペアで繁殖している

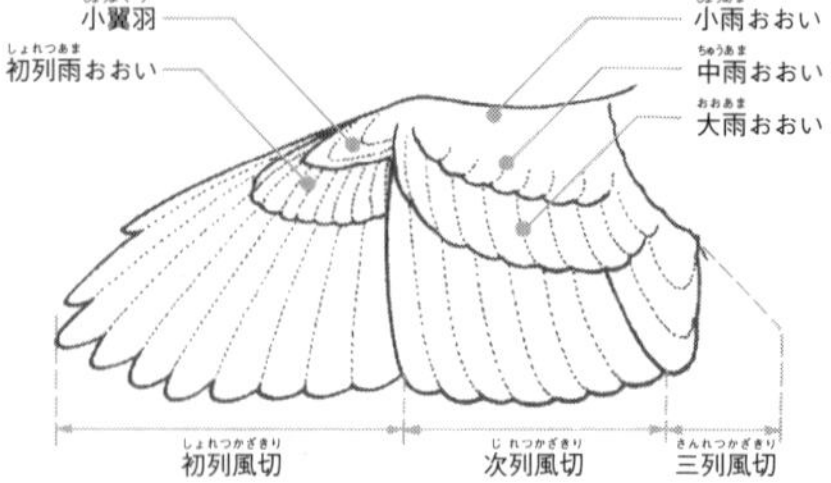

図10　鳥の翼の名称（『鳥630図鑑』2002 より）

ことが確認された。言われ得ぬ満足感とこれからの調査への決意を込めて14時に下山開始。背面の白っぽいイヌワシはずっと抱卵《ほうらん》を続けていた。

その後、3月31日から4月2日まで観察を続けたが、同じような行動が続き、雛を確認することはできなかった。しかし、4月2日の夜には鳥取大学に戻らなければならず、調査を中断せざるを得なかった。5月3日、連休を利用して帰省。すぐさま観察に行ったが、巣には期待した雛の姿は見えなかった。また、親ワシも巣には入らなかった。残念ながら、この巣では卵が孵化《ふか》せず、繁殖に失敗したものと思われた。

滋賀県で初めてイヌワシの生息と繁殖の確認をした状況はすぐさま重田さんに手紙で報告した。私の報告に対する重田さんからの手紙を、私は今でも大切に残している（図11）。

イヌワシ調査は非常に困難である。そのため外国の有名な人々も繁殖期に重点を置き、非繁殖期の研究は不足している。若しイヌワシをほんとうに保護して残してやるなら、イヌワシを知りつくさなければならない。それも国内という特定条件の環境下で生息繁殖している個体だけでどうこう言っては誤りである。環境の全く異なった地帯（各国における）で生き続けてい

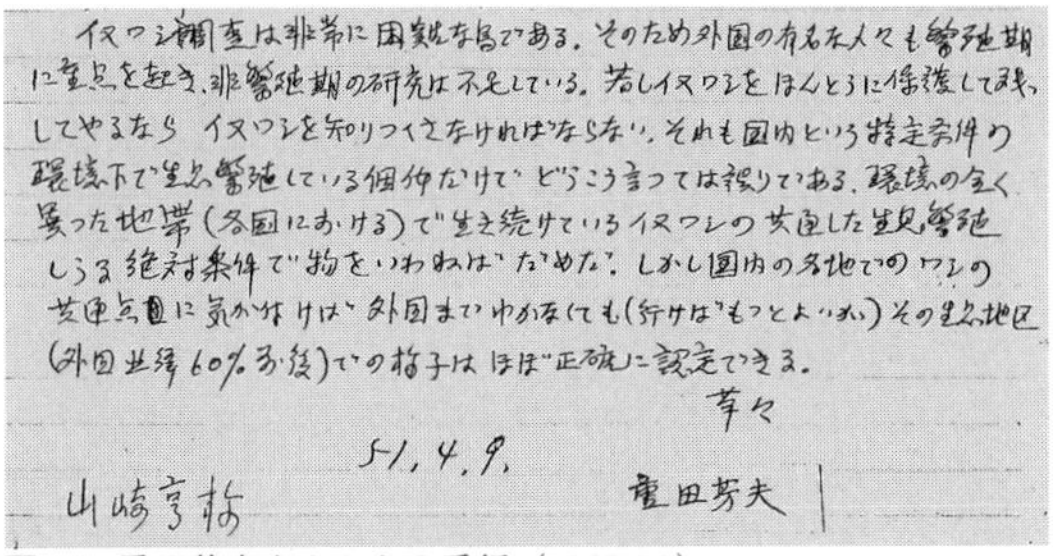
イヌワシ調査は非常に困難な鳥である。そのため外国の有名な人々も繁殖期
に重点を置き、非繁殖期の研究は不足している。若しイヌワシをほんとうに保護して残
してやるなら イヌワシを知りつくさなければならない。それも国内という特定条件の
環境下で生息繁殖している個体だけでどうこう言っては誤りである。環境の全く
異った地帯（各国における）で生き続けているイヌワシの共通した生息繁殖
しうる絶対条件で物をいわねばだめだ。しかし国内の各地でのワシの
共通点に気がつけば外国までゆかなくても（行けばもっとよいが）その生息地区
（外国出現60%以後）での様子はほぼ正確に認定できる。
草々
51.4.9.
山崎亨様　重田芳夫

図11　重田芳夫さんからの手紙（1976.4.9）

るイヌワシの共通した生息繁殖しうる絶対条件で物をいわねばだめだ。しかし、国内の各地でのワシの共通点に気が付けば外国までゆかなくても（行けばもっとよいが）その生息地区（外国北緯60度前後）での様子はほぼ正確に認定できる。

草々

［昭和］51・4・9

重田芳夫

山﨑亨様

この手紙が私の人生を決定づけたといっても過言ではない。滋賀県のイヌワシを観察するだけでなく、日本中のイヌワシの生息地を訪ね、本来、草原や低灌木《かんぼく》の広がる環境に生息しているイヌワシがどうして日本に生息しているのかという謎を突き止めたい、そう思った。

最初に抱卵を確認したペアでは、翌年も雛の孵化は確認できなかった。その後の調査でわかったことだが、このペアは1982年まで繁殖に成功しなかったのだ。イヌワシはペアになると一年中ペアで生活し、よほどのことがない限り、ペア関係を維持し続けることが多い。このため、もしペアのどちらかに繁殖できない要因があれば、何年間も繁殖に成功しないことが起こりうる。たまたま、最初に巣を発見したペアが産卵はできても、何らかの原因で卵が孵化しない状態にあったのだ。

何とか雛が生育している巣を確認するため、1978年には新たなペアを探すことにした。鈴鹿山脈に1ペアが生息して繁殖していることが明らかになった以上、隣接するペアが生息しているに違いない。再び地図を精査し、いくつかの候補地を絞っていった。

その中でイヌワシの繁殖場所として最も確率が高いと判定した谷、その谷が滋賀県で初めてイヌワシの育雛《いくすう》を確認することになる谷であった。必ずこの谷内にイヌワシの巣があることを信じ、中学校の時からいっしょに野鳥観察を行なってきた山﨑匠《たくみ》君とともに、谷に入って行った。谷の中は予想以上に急峻で、岩が自然にガラガラと落ちてくる、きわめて危険な場所だった。急峻な斜面に引っかき傷をつけたかのような細い道。足を踏みはずせば、まず命はない。現にこの谷では何名もの人が遭難しているということを地元の人から聞いていた。谷の奥に進んでいくと、斜面を刻んでいた山道は谷底を通るようになった。そこは井戸の底のような場所で、空は一部しか見えない。垂直に近い急峻な崖が谷の左岸にそそり立っているのがわかった。

巣があるとすればこの崖の上に違いない。しかし、その巣を見るには対岸の右岸に上がる以外に方法はない。はやる気持ちを押さえて、崩れ落ちる石に足を取られながら、両手を使って草木をつかみ、一歩ずつ上へはい上がって行った。肩で息を切りながら、恐る恐る、対岸を

図12　滋賀県で初めての育雛確認となったイヌワシの親子
（1978.5.20）

振り返って見た。そこには人を寄せつけないような険しい崖がそそり立っていた。崖の中ほどに三角形をした岩穴があいている。息を殺して祈るような気持ちで双眼鏡をのぞいた。岩穴に敷き詰められた巣材の上に白と黒のまだらをした鳥が1羽いる。数匹のハエがその周りを飛び交っている。間違いなくイヌワシの雛だ！　1978年5月7日、滋賀県で初めてイヌワシの雛を確認した瞬間だった。

4. なぜ、「イヌワシ」は発見されなかったのか

しかし、どうしてイヌワシのような大きくて、人目をひく鳥の存在がそれまで知られていなかったのだろう。イヌワシの巣があった谷に近い集落で、古老の人たちに話を聞いてみた。すると、やはり、イヌワシが昔からこの谷に棲んでいることを知っている老人がいた。しかし、それは「イヌワシ」ではなく、とても印象深い別の名前、「三《み》つ星鷹《ぼしだか》」と呼ばれていた。この老人は、「三つ星鷹」は「黒い鷹」とは違って、初夏になると、この谷にやってくる鷹だと言っていた。イヌワシの幼鳥は全体が黒っぽい色をしているが、両翼の中央部と尾羽の付け根の3カ所に純白のよく目立つ斑紋《はんもん》がある。しかも滋賀県ではイヌワシの幼鳥は6月初めに巣立ち、いわゆる初夏の頃には巣のある谷の周辺をよく飛行する。村の人たちは、一年を通して見かけるイヌワシの成鳥を「黒い鷹」と呼び、イヌワシの幼鳥は、夏にやってくる別種の「三つ星鷹」だと思っていたのだ。

では、どの程度、滋賀県内で山間部に住んでいる人々がイヌワシやクマタカのことを知ってい

るのだろうか？　環境庁（現環境省）は、１９８５（昭和60）年度から5カ年にわたって「人間活動との共存を目指した野生鳥獣の保護管理に関する研究（ワシタカ）」という調査を行なった。石川県、岩手県、滋賀県でイヌワシ・クマタカ・オオタカの分布や基礎的な生態調査を行ない、これらの猛禽《もうきん》類の保護対策を構築するのに必要なデータを得ることが目的だった。

滋賀県では、私たちのグループにその調査が依頼された。調査の一環として、私たちは滋賀県内におけるイヌワシ・クマタカ・オオタカの分布と人との関わりを調べるため、大規模なアンケート調査を実施することにした。調査は１９８６年8月に滋賀県自然保護課、滋賀県野鳥の会、滋賀県猟友会などの協力を得て実現した。山間部の野生鳥獣のことをよく知っていると思われる猟師や森林組合員、森林保護巡視員、鳥獣保護員、野鳥の会会員など、５５４名にアンケート用紙を送付し、２１０名から回答を得た。その結果は、２１０名のうち、大型のワシやタカを見たことがあると答えた人は１７８名であり、かなりの人が山間部でイヌワシ・クマタカ・オオタカを見たことのあることが明らかになった。

図13「三つ星鷹」と呼ばれていたイヌワシの幼鳥
（片山磯雄撮影）

　ところが、自分の見た猛禽類の種名を異なった種名で呼んでいる人もかなり多いことがわかった。アンケート調査用紙では、見たことのある猛禽類の名前を記入するだけでなく、イヌワシ・クマタカ・オオタカの特徴を図示し、報告している猛禽類を選んでもらうようにしておいたのだ。この結果、多くの人がクマタカのことをハヤブサと呼んでおり、これらの人がクマタカと呼んでいるのはイヌワシであることがわかった。つまり、イヌワシの存在を知っていたほとんどの人は、自分が見ている猛禽がイヌワシであるとは認識せず、クマタカや他のタカと思いこんでいるということだった。その人たちにとっては「イヌワシ」という猛禽は存在せず、最も大きくて、力強い猛禽は「クマタカ」であったのだ。

第2章 日本イヌワシ研究会の設立

日本イヌワシ研究会設立のきっかけとなった合同調査の様子（テレビ番組「イヌワシ追跡52時間」より）

1．鈴鹿山脈で全国初の合同調査

重田さんは日本のイヌワシの生態を明らかにするため、すべての情熱をイヌワシに費やしていた。まず、全国各地でイヌワシに関心を持つ者のネットワークを構築した。海運会社の社長という立場を利用し、社員に各地から寄せられるイヌワシに関する観察情報・調査記録をすべてコピーさせ、信頼できるネットワークのメンバーに郵送した。時には、重田さんのコメントも細かい字でびっしりと書き加えて。お陰で、新たにわかった情報はすぐに共有、集積され、謎に包まれていたイヌワシの生態は徐々に明らかになっていった。

しかし、このネットワークは単に情報の蓄積だけでなく、イヌワシの研究に志を抱く者を結びつけるという意義が大きかった。当時、このネットワークによってつながったイヌワシ研究者は、岩手県の関山房兵《ふさへい》氏、宮城県の立花繁信《しげのぶ》氏、群馬県の浅川千佳夫《ちかお》氏、石川県の上馬《うえうま》康夫氏、静岡県の山田律雄《りつお》氏、そして重田氏の直弟子の阿部明士《あきお》氏であった。

重田さんが亡くなられたのは1978年2月17日、61歳だった。私が信州大学の羽田研究室で鳥類生態学を学んだ後、滋賀県庁に勤務することになってすぐのことだった。重田さんの死後、重田ネットワークのメンバーは、それぞれ自分のフィールドでイヌワシを観察しつづけたが、あまりにも広い範囲を一気に移動するイヌワシの行動圏を限られた人数で調べ上げることに、誰もが限界を感じ始めていた。

私は滋賀県庁に勤務しながら、すべての休日と有給休暇を利用して、鈴鹿山脈に通い続けていた。イヌワシの生態を滋賀県で観察することができる。これほどわくわくすることはなかった。イヌワシの行動のすべてを見てやろう。そのためには、イヌワシが観察できる場所に、夜明けまでには到着していなければならない。イヌワシが雛を育てている5月頃の日の出時刻はとても早い。午前4時を過ぎる頃には空は明るくなってくる。私の家からイヌワシの生息している谷の入口までは自動車で約1時間。そこから谷の中の観察場所までは、さらに山道を30分ほど歩かなければならない。4時までに観察場所に到着するには、遅くとも2時30分に自宅を出発しなければならない。2時頃に玄関から調査道具を車に積み込んでいると、警察官がやってきたこともあった。「こんばんは」という警察官の問いかけに、私は「おはようございます」と答えた。0時を過ぎれば、イヌワシの調査を行なっている者にとっては、もはや朝だった。

図14　イヌワシの観察（兵藤崇之画）

その頃には、いっしょにイヌワシを調査するチームもできていた。細井忠君、山崎匠君、井上剛彦君、片岡仁志男君である。みんな、休日はすべてイヌワシの観察に行くことが当たり前という生活を送っていた。それほど、全精力をつぎ込んで調査を行なっても、イヌワシが主にどこで獲物を捕食するのか、行動圏はどのくらいの広さなのかは、いつまでたってもわからなかった。尾根を越えて向こうに飛び去ってしまえば、その先のことはまったくわからない。イヌワシが飛び去った方向の谷に行くには、また半日がかりで移動しなければならない。しかし、その時にはイヌワシはとっくにまたどこかに移動しているのだった。

イヌワシはどの程度の範囲を行動するのか、隣接するイヌワシペアの行動圏とはどのような関係にあるのか、どのような環境でハンティングを行なっているのか、それは全国の重田ネットワークのみんなが知りたいテーマであった。しかし、それは各地で少人数がいくら日の出から日の入りまでの終日調査を積み重ねても、どうしても解決できないテーマでもあった。

だったら、みんなが協力しあって、広域的な調査をしたらどうだろうか? それが、イヌワシ合同調査開催の動機だった。当時、イヌワシを見たことのある野鳥観察者は日本全国でもごくわずかしかいなかった。イヌワシを識別することができる人間が集まらなければ、合同調査は実施できない。滋賀県、石川県、静岡県のメンバーが中心となり、重田さんの築いたネットワークを駆使して、イヌワシを識別できる人間を30名集めることにした。それだけの調査者がイヌワシの生息地に分散して入って同時観察すれば、きっとイヌワシの行動圏がわかるに違いない。目標は「イヌワシの活動する朝から夕方まで100%目撃追跡すること!」だった。

そうして実現したのが、1980年4月27~29日の第1回イヌワシ合同調査である。場所は鈴鹿山脈北部。対象としたのは隣接して生息する2ペア(Aペア、Bペア)のイヌワシ。予測される2ペアの行動圏をカバーするために配置した観察定点は12地点。キャンプ生活による2泊3日の連続調査である。このための定点づくりには、滋賀県内でイヌワシを観察しているメンバーが休日を利用して死に物狂いで取り組んだ。見えない範囲が生じないように、地図を広げて入念に観察予定ポイントを絞り込み、実際にそこに行って視野が得られるかどうかを確認した。むろん、道などない。地図上にポイントした場所を目指して、ひたすら藪をこぎながら進むしかないところも多かった。しかし、予定のポイントに到達しても、樹木が繁茂《はんも》していて、まったく視界のきかない所もあった。そのような、どうしても視野が得られず、かつ付近に代替地《だいたいち》もないところでは、周囲の樹木を使って観察用のやぐらを組んだ。すべての観察定点が確保できた後、調査直前に２泊分の水をポリタンクに入れ、各定点に運び上げた。

１９８０年4月26日17時、全国各地から次々と調査者が集まってきた。打合せ場所兼宿泊場所は我が家であった。いくらシュラフで寝るとは言え、よくもあの狭い部屋に30人も泊まったものだと、今でも信じられない。初めての合同調査、しかもみんなイヌワシにすべてをかけている者ばかり。中には初めて顔を合わせる者もいたが、みんな既知の親友のように、イヌワシのことを熱く、熱く、語り合い、不便さなどは何ら気にならなかったのだと思う。

合同調査当日の天気は中国大陸から前線を伴った低気圧が発達しながら接近。準備に準備を重ねた上に、調査員が全国各地から集まってきているので、調査を中止するわけにはいかない。定点によっては、２時間近くの登山を要する地点もある。私は標高約１０００mの西ピークの定点に入ることになっていた。登山を開始してしばらくすると、すでに風雨。中腹の林を抜け、直に風が吹き付ける西斜面に差し掛かると、もはや風雨どころか暴風雨であった。とても立って歩けるような状態ではない。立ったまま進もうとすると、全身が浮き上がり、飛ばされてしまいそうになる。飛ばされれば周囲の岩場に叩きつけられることは間違いない。この時は本当に死の恐怖を感じた。斜面にはいつくように両手で地表の岩をつかみながら、急な岩場を一歩ずつ進んで行った。相棒のリュックサックに付けてあった重い三脚が強風ではずされ、木の葉のように空に舞い上がっていった瞬間を今でも鮮明に覚えている。それでも何とかピークの定点に到達し、テントを張ることにした。

テントは登山専門店で購入したK2アタック隊も使ったという屈指のシロモノであったが、張った直後の強風でポールが飴《あめ》細工のように曲がり、くにゃくにゃになってしまった。斜めに折りたたまれたようなテント内で暴風雨が過ぎ去るのを待とうとしていたところ、相棒が体調の不調を訴え始めた。悪寒があり、熱が出てきたようだ。しかし、この暴風雨の中、危険を冒して下山するのか、それともテント内で待機するのがよいのか、迷った。

状況を判断するために、無線で他のメンバーに連絡を取ってみた。鈴鹿山脈最北端にあたる霊《りょう》仙《ぜん》山（標高1084m）の北東ピークの定点に配置するメンバーから返信があった。しかもその交信の声はとてもクリアーだった。「今、どうしていますか?」「まだ、定点を探しています、もう定点の近くだと思うのですが…」その声が、無線機を通じてではなく、直接聞こえてきた。霊仙山の山頂部は北東ピークから西南ピークまでほとんど平らであるうえ、50m先も見えないような濃い霧に包まれていたため、西南ピークを北東ピークと間違えて、私たちの周囲をさまよっていたのだった。今から北東ピークに行かせることはとても危険である。相棒も、もし肺炎にでもなれば取り返しのつかないことになる。一旦、下山し、天気が回復すれば、出直す。そう決断せざるを得ない状況だった。下山するなら早いほうがよい。暴風雨に叩きつけられながら、何とかテントを撤収した。下山の時は急斜面の下方から風が吹き上げるため、余計に身体が飛ばされそうになった。両足が同時に地上を離れると身体ごと吹き飛ばされることは間違いない。片足が地上に着くのを確認しては、もう一方の足をゆっくり地上から離し、前に進める。足元しか見ずに一歩一歩、急斜面を下って行った。やっとの思いで、全員が無事に下山した時には、本当に心底ホッとしたが、同時に湧き起こった悔しさと疲労で地上にへたりこんでしまった。

下山しなかった定点の一つでは、暴風雨でテント内に雨が入ってくるため、雨合羽を着てシュラフに入り、寝たとのことだった。ともかく、事故や怪我《けが》人がなかっただけでも奇跡と言えるような、とんでもない春の嵐だった。低気圧が去り、3日目の29日にようやくまともな調査が実施できたが、すでに時間切れ。天気の回復した29日は調査終了の18：40までの観察時間中に、Aペアでは68％もの目撃率をあげることができたが、28日の目撃率は20％足らずだった。とても目標の100％には程遠い結果だった。せっかく万全の準備をしたにもかかわらず、まったく不本意な結果になってしまった。しかし、その悔しい想いは全国から参加したすべての者が共有する気持ちであった。

2. 第2回合同調査

「必ず、当初の目的を達成する」。その強い想いが、秋に再度同じ場所で合同調査を実施するバネ

図15　イヌワシ合同調査を実施した山塊

図16　谷の上を飛行するイヌワシ
（片山磯雄撮影）

となった。鈴鹿山脈での第2回目のイヌワシ合同調査開催はすぐに決まり、参加者も第1回目よりも多い34人となった。県外からは、石川、静岡、奈良、京都、大阪、兵庫、徳島、岩手からの参加があった。

開催時期は1980年11月2日～4日。今回は3日間の追跡調査の様子を映像記録に残すため、岩波映画のスタッフも参加した。2回目とあって、準備は万端。観察定点の配置も1回目の調査結果を踏まえ、より確実に追跡ができるよう、地点の変更を行なった。

ところが、1日目は午後からにわか雨が降り、時々霧もかかるあいにくの空模様。しかし、3日目は秋の移動性高気圧におおわれ、すばらしい天気となった。対象にした隣接する2ペアのイヌワシの動きの情報が無線機を通じて次々と伝えられる。自分が観察していないにもかかわらず、追っているイヌワシの動きが手にとるようにわかる。ちょうど一人の眼が34人の眼になったかのように、広大なイヌワシの行動圏全体を見つめている、そんな感じだった。

自分たちの視野からイヌワシの姿が消えても、飛行方向の視野をカバーしている観察定点の調査者に無線機で情報を伝達し、間断なくそのイヌワシの姿を捉えていく。その連続で、イヌワシを見失うことなく、どんどん追跡できる。イヌワシが空を飛んでいる限り、ほとんどその姿を見失うことなく、追跡ができた。その結果、11月3日には、Aペアは日の出から日の入りまでの約11時間のうち、約50％もの時間、その姿を観察することができた。目標の100％には届かない目撃率だったが、これはイヌワシが見えないところに止まっていた時間が長かったことによるものと思われた。イヌワシが飛び立てば、すぐにその姿は確認されていたので、目撃率こそ100％にはほど遠い値であったが、「行動圏はほぼ完全に把握することができた」と言っても過言ではない成果だった。

合同調査は観察地点で2泊する52時間もの連続調査。観察地点が宿泊場所だから、暗くなっても帰宅する必要がない。落ち着いて、塒《ねぐら》入りを観察することができた。11月3日、16：52。それまで谷の上方に止まっていた雌が飛び立った。17：01の日の入りが迫り、紫がかった空気に満たされ始めかけていた谷内に向かって、その雌は透明のエレベーターに乗って降りるかのように、ゆっくりとキリモミをするように降下していった。空気が水のように存在感をもって感じられた瞬間であった。そのまま雌のイヌワシは紅葉をぼんやりと映し出す薄暗い谷底に吸い込まれていった。

図17　薄暮の谷内に降下するイヌワシ

また、侵入ワシの存在も、合同調査による定着ペアとの同時観

図18　イヌワシのペア飛行（片山磯雄撮影）

察でないと証明できないテーマのひとつだった。これまで各地で実施してきた少人数の調査でも、侵入ワシと思われる個体の存在は、確認されていた。しかし、標識を装着して個体識別していない限り、それが絶対に侵入ワシであるとは言い切れない。隣のイヌワシが入ってきているのかも知れない。侵入ワシの存在を確実に証明するには、隣接する定着ペアの個体と同時に観察することが必要だった。11月3日、12：14。Bペアの行動圏内に侵入ワシと思われる比較的若いイヌワシが出現した。この時、Aペアは確認されており、Aペアの個体ではないことは確かだった。この個体は振幅の大きい波状飛行や宙返り飛行を行なうなど、落ち着きがなく、宙を漂うように長時間、飛行を続けていた。その後13：48、この個体は消失。残念ながら、この間にBペアの出現はなく、同時観察を行なうことはできなかった。またもダメか。そう思っていた14：35、再びこの個体が出現。ゆっくりと旋回して移動を始めた。14：43、この個体の約1km北の谷からBペアのイヌワシ2羽が出現。やはり、この個体は定着ペアではなく、侵入個体であることが証明された。Bペアは侵入個体がBペアの行動圏外に去っていく後を追うように飛行していった。

　第2回合同調査の結果、次のようなことがわかった（参加者に配布した調査結果のまとめ）。

・行動中心域を中心とした主要な飛行コースと帆翔《はんしょう》場所は、第1回の結果とほとんど変わらな

かった。（「帆翔」とは、上昇気流に乗って旋回上昇していくこと）
・隣接するAペアとBペアの近接した境界部は、きっちり線引きされたように行動圏が尾根で分けられていた。
・飛行コースは尾根上が多かった。
・遠方に出かける時や行動圏の周辺部を飛行する時は高空を飛行することが多かった。
・止まり位置は行動中心域の谷を見渡せる場所に多く、行動圏の周辺部では尾根上に多かった。
・ハンティング行動は、伐採地・山頂部の草付き部で観察された。
・ハンティング場所は、お決まりの場所・時間があり、天候によってその日のハンティング場所を決めているようだった。
・ハンティング行動は、第1回の時と同様、9時～10時台、15時～16時台に観察された。
・15時台に大きな動きがあり、その後、行動中心域に戻り、薄暗くなった時点で塒入りした。
・天候の悪い日は、天候の良い日よりも早い時刻に行動中心域に戻り、止まっていた。
・塒入りは日の入り時刻の30分前頃から行なわれた。
・侵入ワシが繁殖ペアの行動圏内で行動することのあることが証明された。
・侵入ワシは若い個体で、長時間飛行を続けていた。
・侵入ワシの飛行場所は、尾根線上に限定されず、高空（800～1000m）空間を激しく飛行し、振幅の大きい波状飛行や宙返り飛行・急降下などを繰り返していた。
・侵入ワシがペアの行動圏外に去った時、その後を追うかのようにペアが飛行していた。

わずか3日間の調査ではあったが、これらの結果はいずれもとても新鮮なもので、いくら優秀な調査者が一人で何年頑張っても得られるものではなかった。イヌワシの広大な行動圏を一人の調査者が見渡すかのように調査員を配置する合同調査は予想以上の収穫をもたらしたのだ。

この合同調査の全容は、「イヌワシ追跡52時間」として30分の映像記録にまとめられ、「生きものばんざい」という番組で全国にテレビ放映された。

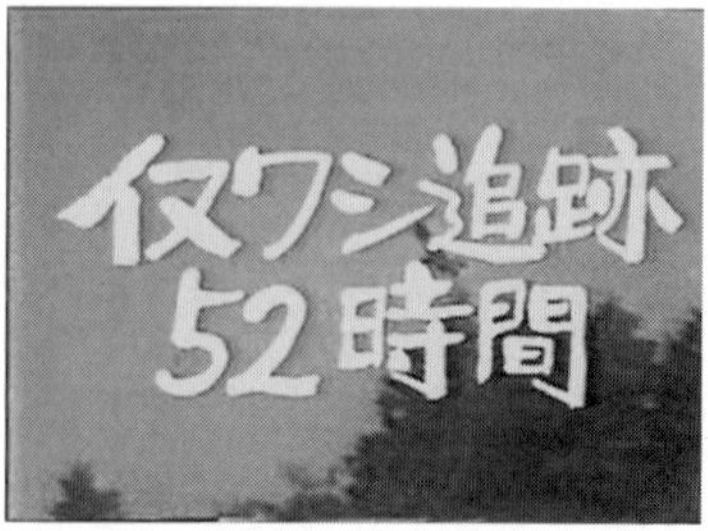

図19　テレビ番組として放映された「イヌワシ追跡52時間」のタイトル

3．日本イヌワシ研究会の設立

合同調査は予想以上の成果を上げることができた。同じ観察レベルを持った調査者をイヌワシの広大な行動圏の中に配置し、無線連絡で情報を交換する。このような調査方法はこれまで世界中のどこでも実施されたことがなかった。

ほとんど不可能と思われていたイヌワシの行動圏調査、それを可能にしたのは参加者のイヌワシにかける情熱と連帯感だった。この連帯感を持続させ、日本のイヌワシの生態や生息数を明らかにできないものか、参加者の多くはそのような期待を抱くようになっていた。

翌1981年に奈良県で第3回合同調査を実施することが決まり、その時に、期待を実現させるための「日本イヌワシ研究会」を発足することとなった。奈良県で第3回合同調査を実施することになったのは、奈良県ではかつてはイヌワシが生息し、繁殖していたという記録があるにもかかわらず、近年はまれに単独個体が記録されるのみで、繁殖は確認されていなかったからである。奈良県でイヌワシが観察されていた地域は、急峻で奥深い谷が何本も入り込んでいる険しい山岳地帯であり、少人数でそれらのすべてを確認するには数年かかるような場所であった。そんなことをしていたら、そのうち、イヌワシがいなくなってしまうかも知れない。奈良県に繁殖しているイヌワシのペアがいるのかどうか、それを一気に確認するには、育雛時期に、生息している可能性が高い谷に調査員が分散して入り、一斉に観察すれば良い。滋賀県で実施した定着ペアの行動圏を調査するという目的とは異なる、新たな合同調査の目的だった。

私はニホンオオカミの最後の生息地と言われるトガサワラの原始林が広がる秘境の谷に入った。残念ながら、私の地点ではイヌワシを確認することはできなかったが、隣接する谷ではイヌワシが確認された。繁殖の確認こそなかったが、奈良県に確かにイヌワシが生存していることが証明され、合同調査の威力が改めて確認された。

合同調査の宿舎は奈良県吉野郡川上村入之波《しおのは》にある「川上村営　自然の家」。参加者は32名。合同調査実施期間中の5月2日に、参加者が「日本イヌワシ研究会(仮称)」の設立について会議を開催した。日本のイヌワシの分布・生息数と生態を明らかにするには各府県単位では限度がある。一方で、イヌワシの生息状況は年々悪化しており、科学的なデータに基づく具体的な保護対策を少しでも早く構築しなければ、本当に日本のイヌワシは危機的な状態に陥ってしまう。このような背景から、日本各地でイヌワシの研究にかかわっている者が情報交換を行なうとともに、全国各地で合同調査を行なうことにより、日本のイヌワシの生態と分布を明らかにするためには、全国組織が必要であるとのことで全員が一致した。そして、1981年5月3日に規約を制定するとともに、会長に阿部明士氏を選出して日本イヌワシ研究会が設立された。

日本イヌワシ研究会の目的は「イヌワシの調査、研究ならびに保護」であり、効果的かつ長期的な保護対策は、科学的なデータなしにはありえないということが理念であった。主要な事業は、生息が不明な地域や調査者が不足している地域での合同調査、イヌワシの生態を解明するのに必要な研究テーマに関する情報の集積、全国のイヌワシの生息数と生息状況を明らかにするための「全国イヌワシ生息数・繁殖成功率調査」、機関誌『Aquila chrysaetos』（誌名はイヌワシの学名）やニュースレターの発行であった。これにより、幻の鳥とされてきたニホンイヌワシの全貌が明らかになる道筋が開かれたのである。

図20　日本イヌワシ研究会ニュースNo.1（1981.11）

図21　日本イヌワシ研究会機関誌No.1（1983）

4. アメリカのイヌワシ研究

全国各地で合同調査を重ねるにつれ、次第に全国のイヌワシの生息場所が明らかになるとともに、確実にイヌワシを識別できる会員も徐々に増えていった。また、研究テーマを設けた各府県会員による共同調査により、日本のイヌワシの「食性」「繁殖時期」「行動圏」など、日本イヌワシ研究会が設立されるまでは、ほとんど未知であったイヌワシの生態の概要が少しずつ明らかになってきた。

それにつれて、「イヌワシ」の名前も次第に世の中に知られるようになっていった。イヌワシが決して日本アルプスの高山帯にしか生息しない「幻の鳥」ではなく、日本各地の山岳地帯に古くから生息していた、比較的身近な猛禽であったことを知ってもらうことは、イヌワシの生息場所を保護するうえでとても重要なことであった。

そのうち、奥深い山岳地帯での大規模な広域林道やダム建設などの開発問題が取りざたされるようになると、ブナなどの原生林を保護するための「旗頭」として、イヌワシがマスコミに取り上げられることも多くなった。本当にイヌワシの生存にはブナ林が不可欠なのだろうか？　ブナの原生林は確かにすばらしい森林だし、ぜひとも保護してほしい。しかし、どう見てもブナ林は、イヌワシの生息場所としてよく知られているスコットランド、モンゴル、アラスカのような草原や低灌木《かんぼく》の広がる自然環境とはあまりにも違いすぎる。

日本のイヌワシは、森林におおわれた山岳地帯でなぜ生存してこられたのだろうか？　それを明らかにしなければ、真に有効なイヌワシの保護対策は提言できない。そんな時、重田さんのあの言葉を思い出した。「若しイヌワシをほんとうに保護して残してやるなら、イヌワシを知りつくさなければならない。それも国内という特定条件の環境下で生息繁殖している個体だけでどうこう言っては誤りである。環境の全く異なった地帯（各国における）で生き続けているイヌワシの共通した生息繁殖しうる絶対条件で物をいわねばだめだ。」

イヌワシは北半球の主に高緯度地域に分布し、日本は世界的なイヌワシの分布からみると、南限に位置している。日本のイヌワシは、より北の生息地から分布を広げてやってきたに違いない。日本は森林国であるにもかかわらず、何とかイヌワシが生息できる環境があったからこそ、日本という隔離された島国で種を維持することができたのだ。それを可能とした環境要因とは何か？それを知るためには、イヌワシの故郷に行ってみなければわからない。

日本でのイヌワシの研究の歴史は浅く、情報が乏しかったため、私たちは、イヌワシの生態に関する情報を海外のイヌワシの論文から得ていた。その中でもとくに私の興味をひいたのは、アメリカのデビッド・エリス博士の研究だった。フィールドで地に足のついた、きわめてきめ細かい調査を精力的に行なっていることが論文の内容から伝わってきた。いつかこの人に会って、いろいろとイヌワシの生態のことを聞きたい。また、彼がイヌワシを研究していたモンタナ州に行ってみたい。そんな思いを抱き続けていた。

そんな願いを抱いていた１９８５年、同じ滋賀県職員の井上剛彦《たけひこ》さんと二人でアメリカ出張に行くチャンスがやってきた。ちょうどワシントンDCに行く用事だったので、その郊外のボルチモアにある内務省管轄のパタクセント（Patuxent）野生動物研究センターを訪問するアポイントを取った。このセンターは１９３５年に設立され、アメリカで絶滅の危機にあるさまざまな野生動物の保護増殖に取り組んでいた。案内をしてくださったのは、繁殖・遺伝子解析の第一人者で、鳥類の凍結精液の遺伝子バンクプロジェクトに取り組んでおられるギー博士であった。

図22　パタクセント野生動物研究センターにて（右がデビッド・エリス博士、左がギー博士。中央は筆者）

　アメリカでは１９６０年代後半からのＤＤＴの乱用や生息場所の破壊などにより、国鳥であるハクトウワシが絶滅の危機に瀕したため、１９７０年からハクトウワシの保護増殖事業に取り組んでいた。この事業は、野外に復帰できない個体を活用して孵化させた雛や環境汚染の少ないカナダから取り寄せた18日齢ほどの雛を、野外で卵が孵化しないペアの巣や雛の数が少ない巣に導入することによって野外の個体数を増やすというものだった。さらに、いったん絶滅してしまった地域では、8週齢ほどの雛をその地域に持って行き、見晴らしの良い高い場所に大きな木製の箱を設置して4週間ほど飼育した後、箱の天井を開けて徐々に野外で生活できるようにする「ハッキング」という方法を行なっていることを知った。アメリカでは、大規模な農薬の使用により、『沈黙の春』によって知られるようになった環境汚染という大きな過ちを犯したものの、その事実をきちんと評価し、絶滅の危機に陥れた野生生物を復活させるための迅速かつ効果的なアクションに本気で取り組んでいることに感動した。

私たちがあまりにも猛禽類のことに関心を持っているのを知って、ギー博士は、センターにいる4名の猛禽類の専門家に会わせてくれた。その一人が、何とデビッド・エリス博士であった。まさか、本当にあのデビッド・エリス博士がここにいるとは…、とても信じられなかった。夢のような出会いであった。デビッド・エリス博士は3年前にモンタナからこのセンターに来たとのことだった。そして、センター内の自宅で飼育しているイヌワシを見せてあげると言ってくれた。そのイヌワシはモンタナの動物園で飼育されていた個体で、25歳とのことだった。あこがれの研究者と会えただけでなく、アメリカのイヌワシを間近に見ることができ、感激もひとしおだった。

イヌワシのことが好きで、イヌワシの生態を明らかにしたい、そんな情熱はすぐにわかり合えるものである。デビッド・エリス博士とイヌワシのことを話している時間はあっという間に過ぎていった。そして、デビッド・エリス博士は「アメリカの野生のイヌワシを観察したいのなら、アイダホ州にある国設の猛禽類研究エリアに行くべきだ。そこの研究者を紹介してあげる」と言い出し

図23　繁殖用に飼育されていた飛べないハクトウワシ（右端に巣に上る階段がある）

図24　デビッド・エリス博士と飼育されていたイヌワシ

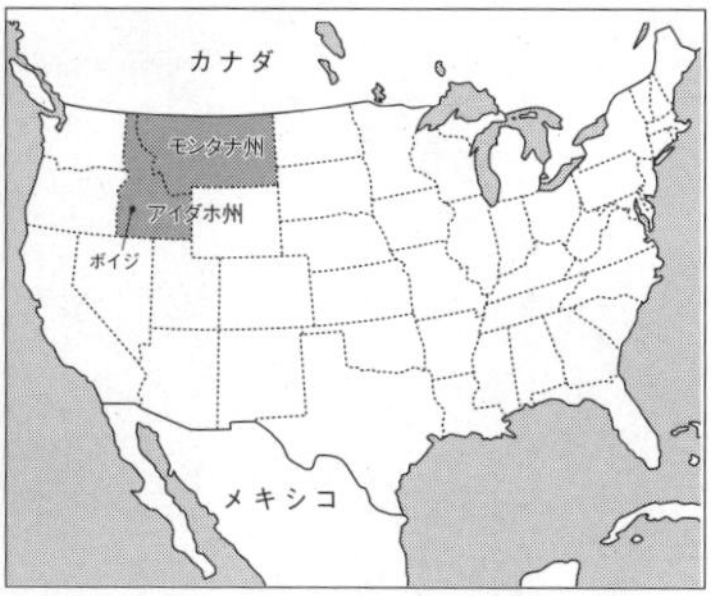

図25　アイダホ州とモンタナ州の位置

図26　広大なスネークリバーの猛禽類研究エリア

た。えっ、本当にですか…。予想もしえない展開に驚いたものの、迷わず、アイダホ州に行くことを決心した。

１９８５年9月24日、小型の飛行機を乗り継いで、ようやくアイダホ州のボイジ空港に到着した。目的地は「スネークリバー猛禽類研究エリア」。デビッド・エリス博士に紹介していただいたマイク・コッカート博士が政府の４輪駆動車で私たちを迎えに来てくれた。さっそくフィールドへ。

「スネークリバー猛禽類研究エリア」の入口を示す標識があった。面積は60万エーカー（２４２８㎢）。何と滋賀県の面積の約60％にもおよぶ広大な面積だ。この研究エリア内には実に推定８００ペアの猛禽類が生息しているという。あまりにも桁違いに壮大な猛禽類研究エリアを目前にして、呆然としてしまった。

「スネークリバー猛禽類研究エリア」は内務省の土地管理局の管轄で、国土調査に関する各分野の研究班が入っており、その研究成果は一元的にコンピューターに入力され、さまざまな解析が瞬時に行なえるようになっていた。アメリカでは早くから猛禽類が自然環境の重要な指標生物として位置づけられてきたため、猛禽類の生息場所利用や生態も国土管理分野の主要な研究分野として

図28　マイク・コッカート博士とイヌワシの雛

図27　スネークリバーの断崖にあるイヌワシの巣と雛（巣の左端に雛が立っている）

組み入れられていたのである。土地利用の変化に伴う猛禽類の繁殖ペア数の変化、分布状態の変化、生息場所利用の変化などを気象・植生・土壌などの地理要因と組み合わせて長期間にわたって研究を行なっていた。日本とはあまりにも異なる猛禽類の生息環境、日本ではほとんど実施されていない科学的な調査手法、何もかもがあまりにも刺激的であった。ここでもまた、アメリカと日本の猛禽類に対する国の対応の違いをまざまざと感じることになった。

「スネークリバー猛禽類研究エリア」の自然環境は、それまで一度も見たことのない風景だった。荒涼とした乾燥気味の大地に、ジャックウサギ、ワタオウサギ、ジリス（地栗鼠。巣穴を掘って地上で生活するリス）、キジの仲間が数多く生息するセージ・グラスやチ・グラスの自然草地があちこちに散在している。そして、岩崖の多い、鍋を逆さに伏せたような形をした低い山がところどころに突き出ている。平原の大部分は自然草地や畑作地であり、森林はなく、樹木はぽつんぽつんと生えているだけだ。こんな荒涼とした所に本当に猛禽類がいるのだろうかと、最初は信じられなかった。ところがアカケアシノスリ、アカオノスリ、ソウゲンハヤブサがあちこちに飛行している。日本では山奥の険しい峡谷に行かないと滅多に観察することができなかったイヌワシもすぐに出現した。畑作地の裏の低い山の稜線上をイヌワシが飛行している。双眼鏡で遠くを見ると、また別のイヌワシが飛行しているのが見える。視界をさえぎるものがないため、隣接するイヌワシの飛翔している姿があちこちに見える。日本では考えられない光景だった。さらに、この地域に生息するイヌワシの中には営巣場所が少ないため、高圧鉄塔に営巣するペアもいるという。実際、道路を走っていると、イヌワシが道路脇の電柱に止まっているのを目撃した。日本のイヌワシのイメージとあまりにも異なるアメリカのイヌワシの生態に打ちのめされるようなカルチャーショックを覚えたことは言うまでもない。

図29　アイダホ州の広大な草原

デビッド・エリス博士はもう1カ所、イヌワシを観察するのにすばらしい場所を勧めてくれた。それは、モンタナ州。デビッド・エリス博士がイヌワシの生態研究を行なった場所で、数多いアメリカのイヌワシの生息地の中でも、ともかくイヌワシの生息密度が高く、イヌワシの生息環境の原点が見られるところだという。また、「スネークリバー猛禽類研究エリア」の猛禽類研究者の方々も、モンタナはイヌワシを観察するにはすばらしいところだと言っていた。

こうなったらモンタナ州に行くしかない。1988年、滋賀県周辺でイヌワシを観察しているメンバーを募り、モンタナ州のイヌワシを観察に行くツアーを組んだ。イヌワシの生息場所を案内してくれる人として、モンタナ州でイヌワシを観察したり、写真を撮ったりしているガス・ウルフさんをデビッド・エリス博士が紹介してくれた。

モンタナ州に行く前に再度、「スネークリバー猛禽類研究エリア」を訪れ、猛禽類の取り扱い方法やラジオトラッキング（電波発信機を用いた動物の追跡調査方法）についての技術実習を行なった後、6月13日、モンタナ州のグレートフォールズ空港に到着した。空港にはガス・ウルフさんが迎えに来てくれていた。モンタナ州はアメリカで一番の田舎と言われるくらい、人間よりも野生動物の数の方がはるかに多い、まさに野生の王国であった。自動車が空港の駐車場から走り出すと、すぐにアレチノスリが飛んでいたり、アカケアシノスリの巣があったり、ともかく猛禽類がいたるところに見られた。17：30、ガス・ウルフさんが車を停めて、ビュートと呼ばれる地表に突き出した岩山の方に歩き始めた。

何気なくついていくと、突き出した岩の下に何とイヌワシの巣があるではないか。巣には孵化しなかった卵が1個あった。17：45に私たちの上空を2羽のイヌワシが旋回した。このペアはどうも今年は繁殖に失敗したようだ。ビュートから降りて、再び自動車で走り出すと、今度は高圧鉄塔にイヌワシが1羽止まっているのが見えてきた。日本では考えられない光景だった。ここでは、獲物が豊富でハンティングしやすい環境が広がっているため、高密度でイヌワシは生息できる。しかし、樹木や岩場が少ないので、鉄塔のような人為的な構築物にも止まるのだ。

図31　雛が２羽育っているイヌワシの巣

図30　モンタナ州の牧場の中にある小さなビュート（岩棚にイヌワシの巣がある）

別の方向では1羽のイヌワシが近くの巣に入っていくのが見えた。このペアは育雛中とのことだった。再び、自動車を走らせる。18：24、今度は道路のすぐ上を若いイヌワシがゆっくりと飛行し、道路向かいの草地に舞い降りた。急な山でもなんでもない、ゆるやかな丘陵地だ。さらに18：25には道路沿いの電柱に2羽のイヌワシが止まっているのを発見。本当に道路沿いにある、木製のどこにでもある貧弱な電柱だ。日本だとカラスが止まっているような感じで、イヌワシが道路沿いの電柱に止まっているのだ。

西部劇の映画から抜け出してきたようなレストランで夕食をとり、もう1カ所、イヌワシの巣を観察に出かけることになった。時刻は20：30、緯度が高いため、まだ充分明るい。牧場の中にあるビュートの頂上部のすぐ下の岩棚にある巣には2羽のイヌワシの雛がいた。日本では2羽のイヌワシの雛が巣立つ確率はわずか1％ほど。しかし、モンタナでは2羽のイヌワシが巣立つことは当たり前のことだった。さらに、ガス・ウルフさんの話によると、平野部に生息するイヌワシは主にジリスを捕食し、時には3～4個の卵を産むこともあるそうだ。しかし、その代わり、繁殖成績は年変動が大きく、ほとんど雛が巣立たない年もあるとのことだった。

モンタナ州やアイダホ州にはロッキー山脈が連なり、その山麓には大草原地帯が広がっている。春になると、草原では一斉にやわらかい新芽が吹き出し、これを食料とするジリスやノウサギが爆発的にその数を増やす。実際、この草原地帯を歩くと、あちこちにジリスが顔を出し、驚いて走っていく。まさに「もぐらたたき」状態である。また、日本ではなかなか昼間は見ることのできないノウサギも草むらや灌木の茂みから次々と現れては、ピョンピョンとあちこちに飛び跳ねていた。

図32　モンタナ草原のアカキツネ

図33　ロッキー山脈のイヌワシ

日本のイヌワシの生息環境とはまったく異なる自然環境。日本では5万分の1の地図を見ればおおよそイヌワシの営巣場所がわかると自負していたが、アメリカのイヌワシの生息している場所は、その方法では決して推定できるような環境ではなかった。獲物を捕らえることの可能なハンティング場所がいたるところにあるため、イヌワシはちょっとした岩場でも繁殖をしていた。つまり、イヌワシは、もともとこういうノウサギやジリスが豊富で、しかも空からこれらの獲物を容易に発見し、捕獲することの可能な自然草地が広がる開放的な自然環境に生息する猛禽だったのだ。

　では、森林におおわれた山岳地帯が国土の大半を覆いつくす日本に、どうしてイヌワシが生息しているのか？　まさにこの視点の重要性を重田さんは指摘してくれていたのだ。日本の山岳地帯はすべてがイヌワシにとって好適な生息環境ではない。しかし、イヌワシが生息している以上、きっとそこには一年を通じてイヌワシが獲物を捕食できる環境がちりばめられているに違いない。そのちりばめられた環境要素を見つけ出すこと。それがイヌワシの保護につながるに違いないと強く確信した。

第3章 映画「イヌワシ風の砦」の完成

「イヌワシ風の砦」のポスター

1．イヌワシの生態記録映画製作への挑戦

第2回イヌワシ合同調査の様子はテレビ番組「生きものばんざい」（製作・毎日放送／岩波映画製作所）で放送された。この番組を製作したスタッフは、岩崎雅典監督と加藤孝さん、沢田喬《たかし》さん、大洞陽佑さんの3名のカメラマンだった。このメンバーは並みの人たちではなかった。「野生の王国」や「生きものばんざい」という野生動物番組の中でも撮影が困難な生き物を担当する、つわものチームだった。イヌワシ合同調査の撮影を通じてイヌワシの生活の一端に触れ、すっかりイヌワシの魅力にとりつかれてしまった。イヌワシの孤高さ、並外れた飛翔能力、謎に包まれた生態、いずれも、つわものチームのモチベーションを高めるには充分だった。

岩崎監督から「イヌワシの生態を記録した日本で初めての映画を製作したい」と申し出があった。イヌワシの生態はまだ謎だらけ、しかもイヌワシの生息場所は急峻な山岳地帯、その記録映画を完成させるには何年かかるかもわからない。しかし、岩崎チームは一生涯の仕事としてやり遂げたいとの思いに満ちていた。イヌワシの生態をありのままに紹介する作品にするため、自主製作で映画を完成させる。そのもの凄い情熱は、私たちのイヌワシの生態を明らかにし、一人でも多くの人々にイヌワシのことを正しく知ってもらいたいという思いと完全に一致した。

1981年、岩崎さんたちは自主製作映画をつくるため、「群像舎」という野生動物専門の映画会社を設立して、撮影に臨んだ。撮影はイヌワシの子育てから始まった。しかし、子育ての様子

を撮影するには細心の注意が必要だった。猛禽類は獲物を捕殺する生物なので、図太くて気性が荒いと思われがちだが、実際はとても神経質な鳥である。とくに、繁殖期には周囲の環境にきわめて敏感となり、抱卵期などに巣の周りで繁殖活動を脅かすようなことが起きると、容易に巣を放棄してしまう。とくにイヌワシは周囲の変化を目ざとく察知し、いち早く行動を変化してしまう繊細な猛禽である。しかも滋賀県ではイヌワシの生息数はきわめて少なく、繁殖しているところはきわめて限られているため、万全の注意を払わねばならない。

このため、私たちは3年前の秋に設置し、イヌワシがその存在をまったく気にしていない、第一の砦「崖の巣」の対岸にあるブラインドを利用することにした。このブラインドは畳1畳半ほどのコンパネで造った小さな小屋である。入ってしまえば、イヌワシからはまったく気づかれない。しかし、ブラインドは巣の対岸の急斜面にあるため、出入りする時はどうしても気づかれてしまう。出入りを極力少なくするため、いったん入れば、原則としてブラインドから出ないという作戦をとることにした。雛の孵化予定日は産卵日から推測して3月23日頃。この日をはさんで10日間連続の撮影体制を計画した。

まず、水と食糧は10日間分をあらかじめブラインドに搬入しておく。ブラインドに入るのは3月20日、カメラマンの沢田さんは撮影終了の29日まで入ったままとなる。撮影補助兼観察記録者として、前半の5日間は私、後半の5日間は山崎匠さんがブラインドに入ることになった。こうすれば、10日間のうち、1日目の撮影開始時、5日目の観察記録者の交替時、10日目の撮影終了撤退時の3回しかイヌワシに気づかれることはない。

この計画の下に、1981年3月15日に必要機材と10日間の食糧を5名ですばやく搬入した。そして、いよいよ撮影開始日の3月20日。カメラマンの沢田さんと観察記録者の私の他に、メンバーの2名が一隊となってブラインドに向かった。急斜面を黙々と登る。12：23、巣で抱卵していたイヌワシは私たちに気づき、気配を感じさせること無く、スーッと巣を離れた。

沢田さんと私がブラインドに入った後、いっしょに来てくれたメンバーは必要な荷物をすばやくブラインドに入れ終えると、あえて目立つように斜面を下山していった。巣から離れたイヌワシはきっとどこかで私たちの動きを見ているに違いない。下山するメンバーにはいかにも全員下山していますよということをイヌワシに知らしめるように、あえて目立つように下山してもらったのだ。

ブラインドに残った沢田さんと私は、前面にある小さなのぞき窓を開け、望遠鏡を差し込み、息を殺して巣を見つめた。13：19、谷底から吹き上げる風を抱きかかえるかのように、大きな茶褐色の物体がふわ～っと巣に入ってきた。イヌワシだ！　作戦は成功した。巣に戻ってきたイヌワシは何事もなかったかのように、抱卵を再開した。

2．雛の孵化シーンの撮影開始

いよいよ撮影と観察記録の開始。全身がぴりぴりするほどの気合と緊張に包まれた瞬間だった。ブラインドの中はほとんど真っ暗。前面に開いている二つの穴は、撮影用の超望遠レンズと観察用の望遠鏡がちょうど収まる大きさにしてあるので、巣の中のイヌワシ以外は何も見えない。抱卵しているイヌワシには穏やかな表情の中にも精悍さが漂っている。たぶん雌だろう。イヌワシは主に雌が抱卵し、雄が獲物をハンティングに行くことがこれまでの調査で知られていたからだ。13：42、抱卵していたイヌワシが立ち上がった。卵が見えるかも知れない。息を殺して望遠鏡を覗いた。イヌワシはくちばしを腹部にある卵の外側にそっとさし入れると卵を少し足指の方に引き寄せるように動かした。卵をまんべんなく温めるとともに、卵の中で発育する胎子が卵殻膜に癒着しないように、定期的に卵をひっくり返す、「転卵」という行動だ。やや茶褐色をしている卵は1個しか見えない。イヌワシは普通2個の卵を産む。どうしたのだろうか？　後からわかったことだが、滋賀県では1個しか産卵しないことが時々あった。アメリカでは3個産むことすらあるのに…。日本では獲物の量が少ないことが影響しているのかも知れない。

翌21日、午前6時。気温7・5℃。ようやく薄明るくなり、ミソサザイのさえずりが谷間に響き渡る。巣の中の様子がぼんやりと見えてきた。巣では、昨夜と同じ姿勢でイヌワシが抱卵している。時々、口を開けてあくびをしているような仕草を行なう。落ち着いて抱卵している証拠だ。12：24からは雨が降り出した。時々立ち上がっては羽づくろいをするが、その時は卵の真上に立ち、決して卵を濡らさないようにしている。

その後、雌はこちらを向いて抱卵を再開した。倍率を高くすると望遠鏡のレンズ一杯にイヌワシの真正面の顔が広がった。天狗だ！　それは鳥の顔ではなく、人間の顔つきだった。大きなくちばしは天狗の鼻そのもの。大きく眼光鋭い眼はまさに天狗の眼。天狗伝説の多くがイヌワシの生息場所と関連していることの謎がとけたように思えた。この日は天気が悪いせいか、抱卵交替（雄が雌に代わって抱卵すること）もなく、雌と思われる個体はそのまま夜間も抱卵を続けた。

3月22日、昨夜からずっと雨が降り続け、谷内には霧が充満している。しかし、この日は昨日よりも少し早く、5：47にミソサザイがさえずり始めた。5：59、ずっと抱卵を続けている雌はアクビをした。6：11、もう1羽のイヌワシが突然、巣に戻ってきた。羽は雨で濡れている。雌は鳴きながら、巣から飛び立った。すかさず、戻ってきた雄と思われる個体は巣の中央に歩み寄り、即座に抱卵を開始した。くちばしで近くにある巣材のカヤを胸元に引き寄せたり、頭をあちこちに動かしたり、落ち着きのない抱卵だ。6：23、近くからイヌワシの鳴き声が頻繁に聞こえてくる。6：27、雌が巣に戻ってきた。ほぼ同時に雄は飛び立った。見事な連携行動である。雌が巣を離れていたのは16分間。親鳥は巣では排泄しない。雌は昨夜からの雨で濡れた羽の手入れや排泄のために巣を離れていたのだろう。

図34　巣材をくちばしにくわえて巣に戻るイヌワシ

10時頃から巣に太陽が当たり始める。天気が回復してきたようだ。14：27、雄が枯枝をくちばしにくわえて巣に戻ってきた。雌はすかさず、巣を離れた。雄はすぐに抱卵を開始したが、相変わらず巣材をいじくったり、羽の手入れをしたり、落ち着きがない。15：07、今度は雌が緑葉のついた新鮮なアカマツの大きな枝をくちばしにくわえて戻ってきた。雄はすぐに飛び立ち、雌は抱卵を開始した。雌が巣を離れていたのは40分間、どこかで雄が持ってきた獲物を食べていたのかも知れない。雄は、抱卵中は獲物を巣に持って入ることはなく、巣の近くの受け渡し場所に持ってくる。そして、雄が抱卵を交替している間に、雌はそこで獲物を食べるのだ。この日はこの後も雄が夕方に1mもある長いカヤを数本持ち帰るなど活発な動きがあった。

しかし、3月23日になっても卵には孵化する気配が感じられない。どうしたのだろう。私の下山予定は25日の15：30。何とか、雛の孵化する瞬間を見てみたい。

3月24日8：05、雌は立ち上がり、羽の手入れをしていたが、しばらく卵を見つめている。何か変化があったのだろうか。でもこちらから卵は見えないまま、雌は抱卵を再開した。14：55、雌が再び立ち上がり、今度は卵がよく見える。卵にひびが入っている。14：58、雌は再び抱卵。ほんの瞬間のことだったが、孵化が始まりつつあることを確認することができた。

3月25日、ミソサザイのさえずり開始は5：51。日に日に夜明けが早くなっていることがわかる。8：29、雌が立ち上がり、卵を見つめている。雌は卵のひびは少し大きくなっているものの、まだ孵化はしていない。雌は卵をくちばしでそっと触るようなしぐさを見せたが、再び抱卵を開始した。13：22、雌が立ち上がり、卵を足指でそっと触る。卵殻の小さい方が少し動いているのがわかるが、雌は再び抱卵を開始した。13：54、雌が再び立ち上がり、卵をくちばしで触っている。卵殻が少しはがれたところの膜がわずかに動いているのがわかる。しかし、まだ孵化には時間がかかりそうだ。15：30、トランシーバーに交信が入ってきた。交替する山崎匠さんが

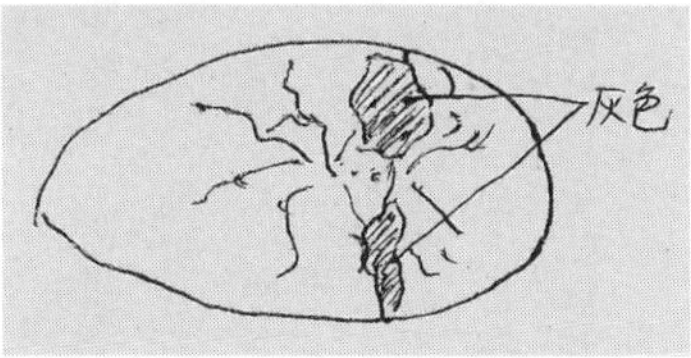

図35-1　ひびが入った卵（1981.3.24）

谷の途中地点にまで来たとのことだ。残念ながら、孵化の瞬間を見ることはできなかった。しかし、今は何よりも匠さんとの交替を無難に行ない、親鳥への影響を極力少なくすることが重要だ。下山の準備を行ない、匠さんの到着を待った。15：39、雌が羽を体にぴったりとつけ、緊張している。匠さんが登ってくるのに気づいたようだ。15：53、雌が巣から飛び立った。ほどなく、匠さんがブラインドに到着。私がブラインドを出ると同時に匠さんはブラインドに入った。

私は目立つように下山を始めた。しかし脚に力が入らず、地に足がつかない。空中を歩いているような感じだ。普通に歩ける状態でも危険な急斜面。両手で、枝をつかみながら、やっとの思いで斜面を下った。5日間、まったく歩かずにずっと同じ姿勢でいることがいかに脚を弱らせるのかを身を持って思い知った。

匠さんの記録にこう書かれている。「16：13、雌が巣に戻り、抱卵を開始」。わずか20分後に巣に戻ってきたのだ。うまくいった。雌は人が対岸に来たものの、すぐに去って行ったと思ったのだ。ブラインドのことは何も気にしていなかった。

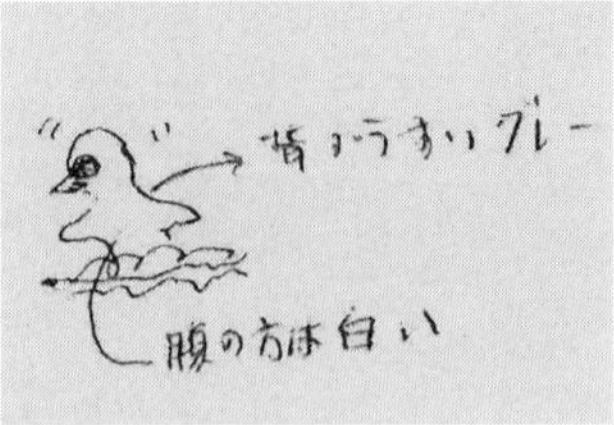

図35-2　ようやく孵化した雛
（1981.3.26　山﨑匠）

雛の孵化はその翌日の26日だった。

匠さんの記録には、次のように記されている。「8：15、雌が立ち上がり、卵から頭と両手羽が出て動いている雛が見える。雛の色はグレー。9：30、雌は卵の卵殻の一部をくちばしでつまみ、振り落とす。10：47、雌は立ち上がって雛を見ると、巣の上の何かをくわえて飛び立った。雛は完全に卵から出ていて、眼も少し開いているようだ。上の方を見てキョロキョロしている。10：54、雄が巣に戻ってくる。くちばしに少し血がついている。雄は雛を見つめ、抱卵姿勢に入った（実際には抱雛になるのだが、雄はまだ卵を抱かねばならないと思っていたのかも知れない）。11：05、雄が巣から飛び立ち、11：09に雌が巣に戻ってきた。11：31、雌が大きな声で鳴いて巣から飛び立つ。11：32、雄が巣に入り、抱卵姿勢となる。12：04、雄は立ち上がり、雛の回りの巣材を整理する。12：06、雌が大きなアカマツの枝をくわえて戻ってくる。雄はすかさず巣から飛び立つ。雌はアカマツの枝をちぎって巣の横に持って置いた後、雛を温め始めた。その後も２回雄の出入りがあり、雄も雌も雛の誕生にあたふたしているような状態だ」。

さらにこの日、興味深い記録がある。「13：51、雌が向こうを向いて雛に何かをやっている様子。くちばしに何かがついていた」とある。巣には獲物はないので、肉を与えているのではない。後日、デビッド・エリス博士に尋ねたところ、イヌワシの親は雛の孵化直後、唾液のような液状のものを口から出して雛に与えるらしいとのことだった。この日の夕方からは雪になった。

「28日、獲物はまだ搬入されない」。雛が大きくなれば、食いだめも効くが、生まれたての雛はそうはいかない。量は多くなくても良いから、ともかく雛がおなかの中の卵黄を消費してしまうまでに、食物の肉を確保しなければならない。「雌は７：10に巣材の中をほじくり、古いノウサギの脚のようなものを取り出し、くちばしで一生懸命に干からびついたような肉片をもぎ取り、雛に与えるような仕草をしている。雄が獲物を持って帰ってこないことにかなり、苛立っているようだ。雌は13：07に巣から飛び立ち、14：09に雄が巣に戻ってきた。そして14：50、雛を温めていた雄が突然立ち上がり、大きな声で鳴き始めると、雌がノウサギを持って巣に戻ってきた。雄はすぐに巣から出て行った。雄が飛行している上空を見上げている雌の足は血で赤く汚れている。ノウサギの頭はない。雌はノウサギを引きちぎり、雛に与え始めた」。

ようやく、獲物が捕れたのだ。それにしてもこのノウサギは雌が捕らえたのだろうか？ 普通、雛が小さい時は雄が獲物を捕って来る。なぜなら、この時期は、雛はまだ親に温めてもらわないと体温を維持できないため、雌はもっぱら巣にいて雛を温め、雄が獲物を捕ってくるのだ。雄が獲物を捕ってこない状態が続くと、雌はたまりかねて自らハンティングに出かけることがある。しかし、それは余程の場合であり、雛がうまく育たないことが多い。

29日の昼、沢田さんと匠さんの下山を援助するために再びブラインドに向かった。急斜面を登り、ブラインドに近づいた時点で、雌は巣から飛び去った。私たちがブラインドに到着すると、すぐに沢田さんと匠さんがブラインドから出てきた。沢田さんは10日間もブラインドにこもったままだった。５日間でも脚が弱り、急斜面を下るのは危険だった。やはり、沢田さんは、私たちが両脇を支えないと歩けないような状態だった。

５日振りに見たイヌワシの巣。確かに雛はいた。しかし、獲物がなかなか搬入されず、雌が昨日の午後にようやくノウサギを持ち帰っただけだということを聞き、一抹《いちまつ》の不安が頭をかすめた。ところで、ブラインドに入れば下山までブラインドから出ないと言ったが、トイレはどうしているのかと不思議に思われるに違いない。ブラインドは撮影機材や食糧の中にやっと二人が寝袋で寝られるだけのスペースしかない。この計画を実施する前にトイレ問題をどう解決するか、いろいろと考えた。ブラインドはものすごい急傾斜面に造らねばならなかったので、清水の舞台のように高床式になっている。洗濯機の排水ホースをブラインドの隅に差し込み、ここに小便をしたらどうかと考え、日曜大工店で排水ホースを購入し、持ち込んだ。しかし、実際にこのホースに小便をしようとしても、緊張のあまりうまくいかなかった。結局、ナイロン袋に用を足して、ブラインドの隅からそっと流すしかなかった。問題は大便。2～3日なら何とか我慢もできようが、数日となるとそうはいかない。大便は、夜中にブラインドの裏にそっと出て用を足す。それしか方法がなかった。

真夜中、そっとブラインドの裏の扉を開けて、ブラインドの後ろに出た。夜中とは言え、開放感に酔いしれる瞬間だった。怖いほど凛と静まり返った峡谷。目が慣れてくると、月の薄明かりで巣のある崖の輪郭がぼんやりと見えてきた。ブラインドの端からそっと巣の方を見てみると、イヌワシの眼が月明かりを反射して金色に光っている。生命感のない、この世とは思えない真夜中の断崖絶壁に存在する確かな生命。言葉を失うほどの感動を覚えたその瞬間のことは今でも忘れ得ない。

4月11日、2回目の撮影を行なうため、沢田さんと登山を開始した。谷に向かって歩き始めた12：40、成鳥2羽が谷の上空を飛行しているのが目に入った。私はこの時、大きな不安に包まれた。雛がまだ20日齢足らずのこの時期に両親が悠然と飛行することはまずない。まさか…。最悪の状況を覚悟して、ブラインドに向かった。ブラインドまでの道中に親鳥の気配は感じられなかった。ブラインドに到着し、恐る恐る望遠鏡で巣を見る。巣の中にはさほど成長していない雛が横たわっており、ハエがたかっていた。やはり、いやな予感は的中していた。あまりの衝撃的な結末に打ちのめされ、言葉も出なかった。卵も1個しか産んでいなかったし、獲物もほとんど運んで来なかった。イヌワシを取り巻く環境の厳しさを思い知らされた。

3. 遅れた巣立ち

これで映画製作は中座するのか…。しかし、電話で雛死亡の知らせを聞いた東京の岩崎監督はあきらめなかった。

「他に繁殖しているペアはいないのか？」

この年、別の1ペアが産卵していた。第2の砦「谷の巣」のペアである。この巣では雛は4月2日頃に孵化していた。しかし、この巣でも卵は1個だった。うまく育っているだろうか？　不安がよぎる。もし、生きていれば、明日4月12日には、雛は10日齢になっているはずだ。雛の死亡という悲しさを全身に背負ったまま、翌12日に沢田喬さん、山崎匠さん、井上剛彦さんとともにこのペアの巣が見える山に登った。巣が見える対岸の地点は巣から500m近くも離れているので、双眼鏡では巣の中の様子はよくわからない。期待と不安が半々の気持ちで望遠鏡をのぞいた。白く動く雛の姿が目に

図36 「谷の巣」

飛び込んできた。10：19に雌が巣に戻り、巣の中にある大きな肉の塊をちぎって雛に与え始めた。肉の塊はどうも子ジカの脚のようだった。獲物も充分にあるし、雛も元気だ。この日は本当に心からほっとした。

図37　イヌワシの両親と雛（兵藤崇之画）

この雛は順調に成育し、撮影も進んでいった。しかし、この雛にも大きな問題があった。イヌワシの雛は通常、孵化後70～80日目頃に巣立つ。この雛の孵化は4月2日頃なので遅くとも6月21日頃には巣立つはずである。イヌワシの巣立ちの瞬間を撮影するため、6月14日から連続で観察と撮影を行なうことになった。雛の孵化の撮影の時のようにブラインドにこもりきりではないにしても、山の斜面に張ったテントでの生活。しかも巣立ちはいつ起きるかわからない。夜明けから日没までまったく気の抜けない時間が続く。最も遅い巣立ち日と推定していた6月21日、雛の全身はほとんど黒くなり、巣の上でジャンプをしたり、羽ばたきをしたりするが、飛び立つ気配はなかった。

実は、この雛の尾羽は生育が遅れ、まだ羽軸が開

図38　イヌワシ雛の巣内での羽ばたき

図39　羽ばたき練習で、勢いあまって巣から落ちそうになった雛

いていない部分もあったのだ。テントの食糧も底をついたので、仕切り直しをして、6月29日から巣立ちの瞬間の撮影に臨むことになった。撮影隊は沢田さんと新人カメラマンの小山《こやま》さん、ここまできたら何が何でも巣立ちの瞬間を撮影する、そんな執念とも言える気迫がみなぎっていた。しかし、梅雨末期の悪天候が続いた。とくに7月2日には雷雨と豪雨。いつまでたっても巣立ちをしない苛立ちと雷雨の様子が小山さんの「Field Note」に書き綴られていた。

「翌3日も雷雨と豪雨、まだ雛は巣にいる。7月4日、ようやく雨があがり、15：30から雛に動きがあった。雛、いつも行く巣の右手の茂みに入り、手前に出てくる。巣立ちか？　と色めき立つ。15：40頃、もう一段下の今まで来たことのない横枝に止まる（巣から2mほど下）。しばらく、そこで翼を広げたりバランスをくずしたりして緊張のときが続く。あれだけ下へ行ってしまえばもう巣には戻れないだろう、と思ったが、16：25頃、苦労の末に戻ってしまった。とんだ茶番劇」。

そして7月5日。この日は日曜日なので私も早朝から観察場所に向かった。天候は霧雨で、視界が悪い。6：15、雛が巣に伏せ

図40　地上を歩くイヌワシの幼鳥
（兵藤崇之画）

図41　尾羽が生育不良で巣立ちが遅れたイヌワシの幼鳥

ているのを何とか確認。しかし、すぐに霧で巣が見えなくなる。9：30、ようやく巣が見えてきたが、雛がいない。あわてて巣の周囲を望遠鏡でくまなく探す。何と雛は巣の直下の地上の倒木の枝に止まっているではないか。巣から落ちたのだろうか？　12：30、雄が足にノウサギを持って巣に入る。ノウサギを巣においてキョロキョロしている。そして巣の縁に立ち、巣の下方を見ている。しかし、何もせず、10分ほどして雄は飛び立ち、谷の入口方向に姿を消した。一方、13時頃から雛が動き始めた。何と地上を歩いて斜面を登っている。そして巣の左隣の大きな広葉樹の下に来ると、その枝を登り始め、ついには樹頂まで登り詰めた。14：36、雛は大きく翼を広げると、突然、樹頂部を蹴った。初飛行の瞬間だった。約50m、ゆっくり羽ばたきながら谷の方に飛行し、岩に生えている広葉樹に止まろうとした、がしかし、止まり損ねて落下。

この雛には気の毒だが、この何とも滑稽な巣立ちの瞬間はきっちりと撮影され、映画に出てくる。この時の雛の日齢は94日齢。まれにみる遅い巣立ちだった。

4. 親子3羽のハンティングシーン

イヌワシの生態を紹介する映画では絶対に欠かせないシーンがある。それはハンティングだ。しかし、イヌワシは広い行動圏を飛び回っているため、ハンティングのシーンを撮影するのはとても難しい。できるだけ確率の高いハンティング場所で粘って待つしかない。

イヌワシの行動圏は広いが、どこでもハンティングができる訳ではない。ある程度の開放地があり、しかも上昇気流の発生しやすい場所でイヌワシはよくハンティングを行なう。そういうお決まりのハンティング場所が何カ所かあることがわかっていた。しかし、そこに人がいればハンティングにはやってこないかも知れない。イヌワシの飛行ルートにあたり、しかもよくハンティング行動を行なう尾根部の伐採地の片隅にテントを張って、その中でひたすらイヌワシがやってくるのを待つことにした。

図42　獲物に急降下するイヌワシ（兵藤崇之画）

やはり、なかなかイヌワシはやってこなかった。何日も空振りに終わる日々が続いた。そして、ついに1983年11月6日、銀色に輝くススキが斜面下方から吹き上がる風になびいていた。イヌワシが飛行するには申し分のない風が伐採地の下から上に向けて吹き続けていた。その風に運ばれてきたかのように、どこからともなく伐採地の上にイヌワシが現れた。1羽、2羽、そして今年巣立った幼

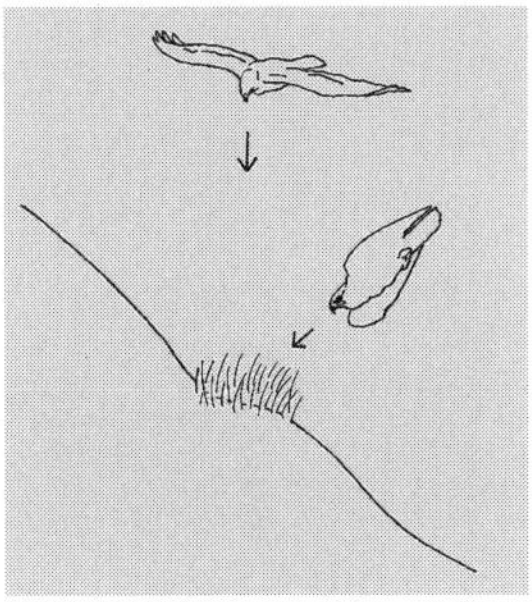

図43　イヌワシの共同ハンティング（兵藤崇之画）

鳥もいる。親子3羽がハンティングにやってきたのだ！　親ワシは斜面を吹き上げる風の先端に乗っているかのように、空中の一点に微動だにせずにとどまっている。風が乱れても、翼の先端を少し動かすだけで、身体は完全に静止している。次の瞬間、1羽がスーッと地上に向かってゆっくりと降下を始めた。獲物を探したり、追い出しをかけたりしているようだ。その間、もう1羽は、その上でぴたっと静止している。もし獲物が飛び出したら、いつでも襲いかかれる状態にいるのだ。すばらしい連携プレイだ。一方、幼鳥は親ワシと同じように飛行しているが、親ワシのようにはいかない。斜面を吹き上げる風が乱れると、すぐにバランスをくずしてしまう。降下もスムーズにはいかない。親ワシの風を巧みに操る見事な飛行は、長い期間に身体で習得した高度な技術に裏付けられていたのだ。

私はこのイヌワシ親子3羽のハンティングの映像が映画の中で最も好きなシーンだ。何と言ってもイヌワシは風の精であり、その無駄のない、見事なまでも風を自由自在に操る完成された飛行姿ほど美しいものはないからだ。

こうして7年間の撮影期間と3年間の仕上げ期間をかけて、1991年に日本のイヌワシの生態を紹介するドキュメンタリー映画が完成した。それが「イヌワシ風の砦」である。

地域ニュース　1991年（平成3年）2月14日（木曜日）　讀賣新聞

イヌワシの生態初の長編映画に

大阪・守口市で15、16日試写会

鈴鹿山系などに生息 7年かけて撮影

県内の鈴鹿山系などに生息する絶滅寸前の猛禽（きん）類・イヌワシの生態を記録した全国初の長編映画「イヌワシ　風の砦（とりで）」が完成。十五、十六両日、大阪府守口市の守口文化センターで試写会が開かれる。

イヌワシは国の天然記念物に指定されているが、山林開発などのため絶滅が心配されており、映画を製作した日本イヌワシ研究会では「上映を機に、強力な保護運動を展開していきたい」としている。

カラー、上映時間七十分の作品。同研究会と「群像舎」（本社・東京都新宿区）が十年前から共同製作し、七年間の撮影を経てようやく完成した。

撮影の大半は同山系で進められ、巣作りや巣立ち、スリリングな狩りの光景などこれまで解明されていなかった生態を細かく描写。戦いに勝った方が負けた方の死体を食べる光景などショッキングなシーンも収められており、大自然の厳しさを教えている。

イヌワシはワシタカ科の猛禽類。国内では本州、四国、九州に分布するが、開発による自然破壊で、現在の生息数は約三百羽まで激減。特殊鳥類として保護されているのが現状で、同研究会は「スクリーンを通して、イヌワシの保護の大切さと同時に環境破壊の愚かさを大勢の人たちに呼びかけたい」と話している。

試写は、両日とも午後六時、同七時半の二回。入場無料。一般公開は同研究会が自主上映する形式で進めることにしており、県内では五月二十五日の大津市（場所未定）を皮切りに、各地で上映される。

「イヌワシ　風の砦」のパンフレット

「イヌワシ風の砦」の完成を報じた新聞記事（1991.2.14、読売新聞滋賀版）

第4章　猛禽類

カンムリワシは小型の「鷲」
（宮城国太郎撮影）

1. 猛禽類とは

ところで、猛禽類とは一体どのような生物なのだろうか?

猛禽類の定義

「猛禽類」というと、まず「鷲」や「鷹」といった獰猛《どうもう》な鳥のことを思い浮かべるだろう。しかし、「猛禽類」の定義を知っている人は余り多くない。広辞苑では次のように書かれている。

「猛禽」とは…

・性質が荒い肉食の鳥、猛禽類に属する鳥。

「猛禽類」とは…

・大型で他の鳥類や小動物を捕食し、上くちばしは彎曲《わんきょく》して鋭く、翼は強大で、飛行は迅速、脚に鋭い鉤爪《かぎづめ》がある。ワシ・タカ・トビ・コンドル・フクロウなど。

英語では、猛禽類は「Birds of Prey」または「Raptor」と呼ばれる。「Birds of Prey」というのは、獲物を捕食する鳥という意味である。「Raptor」いうのは生物を捕食したり、略奪したりするという意味である。つまり、「猛禽類」というのは「生きた動物を捕獲して食べる鳥のグループ」のことである。

しかし、モズは生きた昆虫や小動物を捕獲して食べるし、サギ類も生きた魚やカエル・昆虫を食べる。また、多くの小鳥は生きた昆虫を捕食している。では、どうしてこれらの鳥は「猛禽類」ではないのだろうか?

「猛禽類」は広辞苑にも書かれているとおり、タカ・ヘビクイワシ・ハヤブサ・ハゲワシ・フクロウなどのいわゆる「猛禽類」に属する鳥のことであり、「猛禽類」に含まれない鳥は「猛禽類」ではないのだ。何かだまされたような感じになる人も多いかも知れないが、猛禽類とは主に強靭《きょうじん》な脚と鋭い爪を武器にして獲物を捕殺し、次のようなさまざまな特徴を持っている鳥類のことである。

形態と大きさ

猛禽類は生きた動物を捕食するために、他の鳥とは異なる、さまざまな身体的特徴を持っている。獲物を遠方から発見し、獲物までの距離を正確に測ることのできる並はずれた視力、獲物を追跡し、急襲する優れた飛翔能力、獲物を捕殺するための大きくて力強い脚と鋭い爪、獲物の肉を引き裂く鉤状のくちばしである。

猛禽類の視力が正確にどの程度あるのかについてはさまざまな説があるが、網膜にある光を感じる細胞の密度から、人間の8倍くらいの視力はあるのではないかと言われている(図44)。実際、野外でイヌワシやクマタカを観察していると、私たちが双眼鏡を使ってもわからないような遠方の獲物を目ざとく見つけて、ハンティングに向かうのを観察することがある。また、眼球が顔の前面についているのも猛禽類の特徴である。これにより、猛禽類は左右の視野が交差する視界を持っている（図45）。私たち人間も左右の視野が交差する視野を持っているので、対象物との距離を測ることができる。猛禽類は獲物との距離を正確に測れないと獲物を確実に捕殺できないため、人間と同じように眼球が顔の前面についているのだ。このため、猛禽類の顔は正面から見ると人間の顔つきに少々似ている。とくにフクロウは顔面が獲物の動く音を正確に感知するようにパラボラアンテナのような平面的な顔をしているので、より人間に近い顔つきをしている。

「猛禽類」というと、大きな「鷲」や「鷹」のイメージが浮かんでくることが多いと思うが、猛禽類にはヒメハヤブサというモズくらいの大変小さなものから、翼を広げると３ｍにもなるコンドルまで、さまざまな大きさのものがいる（図46）。

また、翼の大きさや形も、飛行のタイプに応じてさまざまである。ハヤブサは猛スピードで飛

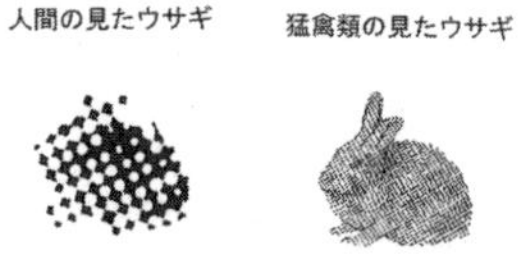

図44　猛禽類と人間の視力
（Bailey, J. 1988 から引用）

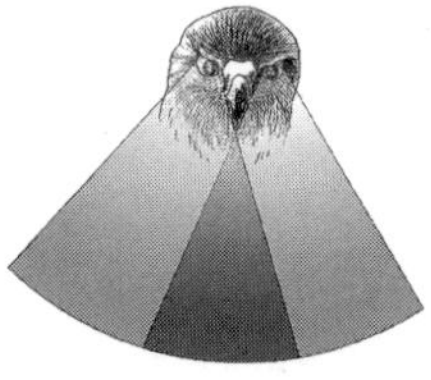
図45　タカの視野
（山本晃一作図）

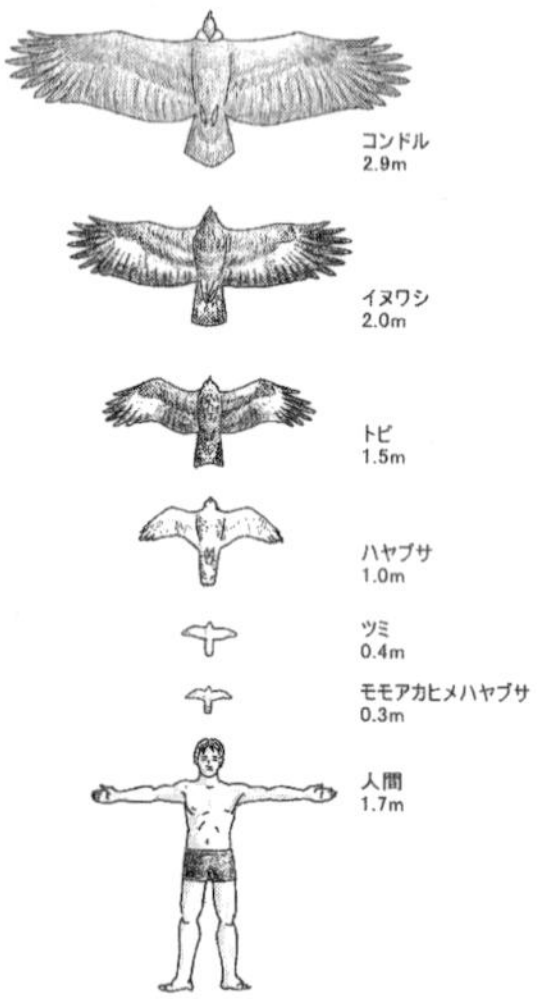

図46　さまざまな猛禽類の大きさ［Birds of Prey（1990）の図を参考に山本晃一作図］

行して獲物の鳥を急襲するため、翼は先がとがった細長い三角形をしている。ノスリは空中から地上にいる獲物を探すため、空中の一点にふわふわと停飛するのに適した、上昇気流を受けやすい幅広い翼をしている。イヌワシは広い行動圏の中にあるハンティング場所への移動を容易に行なうため、風を巧みに利用し、羽ばたかずに長距離を飛行できるグライダーのように長い翼を持っている。一方、クマタカは森林の中で獲物に不意打ちをかけて急襲するため、ダッシュや急旋回を可能とする幅広くて厚みのある翼を持っている。このように、猛禽類にはさまざまな大きさや形をした種類がいるので、異なる獲物を、異なるハンティング方法で捕食することが可能となり、約４５０種（そのうち、約１６０種はフクロウの仲間）もの猛禽類が世界のさまざまな自然環境で生存しているのだ。

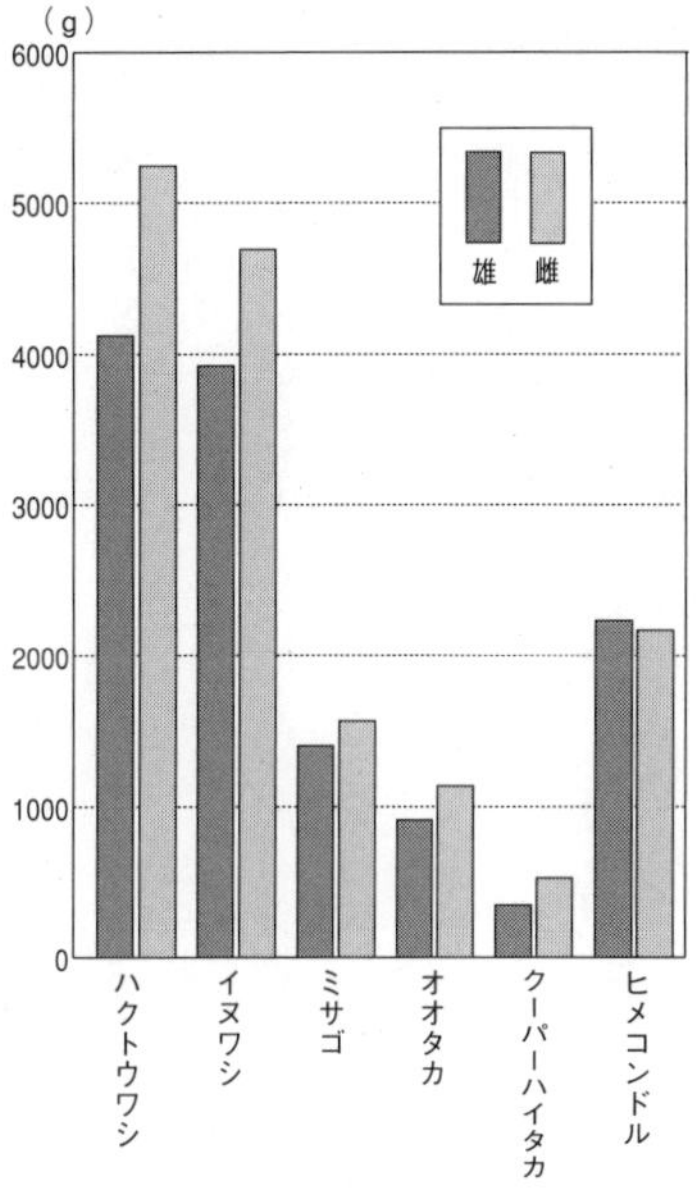

図47　猛禽類の性的二型性
(Weidensaul, S. 1996 から作成)

さらに、猛禽類は雄と雌の大きさの違いでも他の鳥とは異なる特徴を持っている。一般に、鳥の大きさは雄が雌よりも大きい。ニワトリでも雄鶏は雌鶏よりも体格が大きく、立派な羽を持っている。ところが、猛禽類では、逆に雌が雄よりも大きいのだ。アメリカの国鳥であるハクトウワシは雌の体重が５・２４４kgなのに対し、雄は4・123kgしかない（図47）。アメリカのイヌワシも雌が4・692kg、雄が3・924kgと雌の方が雄よりも20％ほども大きい。図47に示すように、その他の猛禽類でも同じように雌が雄よりも大きいのがわかるが、ヒメコンドルだけは他の鳥と同じように雄が雌よりも大きい。コンドルは猛禽類と言っても死肉を獲物としており、生きた獲物を捕殺することはない。つまり、生きた獲物を捕殺するという猛禽類に特徴的な行動が、雌が雄よりも大きいことの原因になっているようだ。

その理由については、雄と雌が大きさの異なる獲物を捕獲することにより、獲物の種類の幅を増やすことができるなど、さまざまな意見があるが、私は繁殖期に雌と雄との関係をうまく保つこともひとつの理由ではないかと思っている。ほとんどの猛禽類は抱卵と育雛（雛を温めたり、雛に獲物をちぎって与えたりすること）は主に雌が行ない、雄は主に獲物を捕殺して巣に持ち帰る。雄が獲物を巣に持ち帰った時に、雄が「ハンターの性《さが》」で自分が捕殺した獲物に執着すれば、その獲物を奪い取ろうとする雌との間で闘争が起きるかも知れない。そうすれば、お互いに百戦錬磨《ひゃくせんれんま》のハンター同士、相互に傷付け合うことにもなりかねない。そこで、巣を守る雌が大きくて雄よりも優位であれば、雄は雌に獲物を引き渡すことに躊躇することが少なくなるのではないかということである。そういうように説明すると、私たちの家庭のことが脳裏に浮かんでくる人も多いのではないだろうか？　人間は身体の大きさでは男性が女性よりも大きいが、気の強さでは奥さんが夫より優位にたっていることも多く、そのことが夫婦の関係を円満に保つことにつながっているのではないかと…。

長い寿命と幼鳥の高い死亡率

猛禽類は同じ大きさの鳥に比べてかなり寿命が長い。飼育下の記録では、アメリカのハクトウワシは48年、イヌワシは46年、小型のオオタカでも19年生きた例がある（図48）。

その一方で、猛禽類の幼鳥は巣立ってから成鳥になるまでの死亡率がきわめて高い。ハクトウワシでは78・５％、クーパーハイタカでは77・５％、アカオノスリでは73・４％と、実に巣立った幼鳥の４～５羽に１羽しか成鳥になるまで生き残ることができないのだ（図49）。

ところが、トビでは死亡率が30・９％と低い。トビは主に死んだ魚や車にひかれて死亡した中小動物を獲物にしており、生きた野生動物を襲って食べることはあまりない。つまり、トビは獲物を獲るのにそれほど高度なハンティング技術を必要としないため、幼鳥の死亡率はあまり高くないので

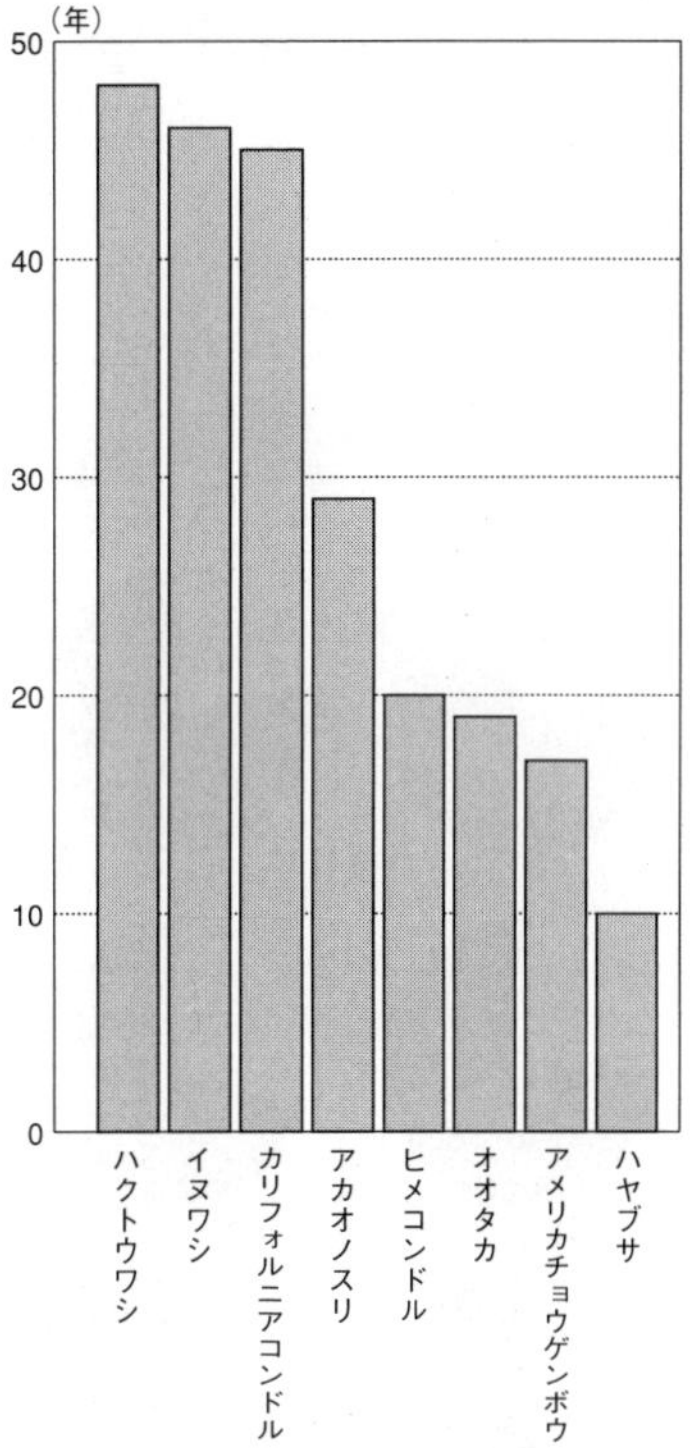

図48　猛禽類の寿命（飼育下）
（Weidensaul, S. 1996 から作成）

はないかと思われる。生きた獲物を捕殺する多くの猛禽類では、充分なハンティング技術を有していない幼鳥は成鳥になるまでに淘汰される一方、高度なハンティング技術を有して生き延びた個体は、比較的死亡率が低く、長期間にわたって繁殖行動にかかわることができるのだ。

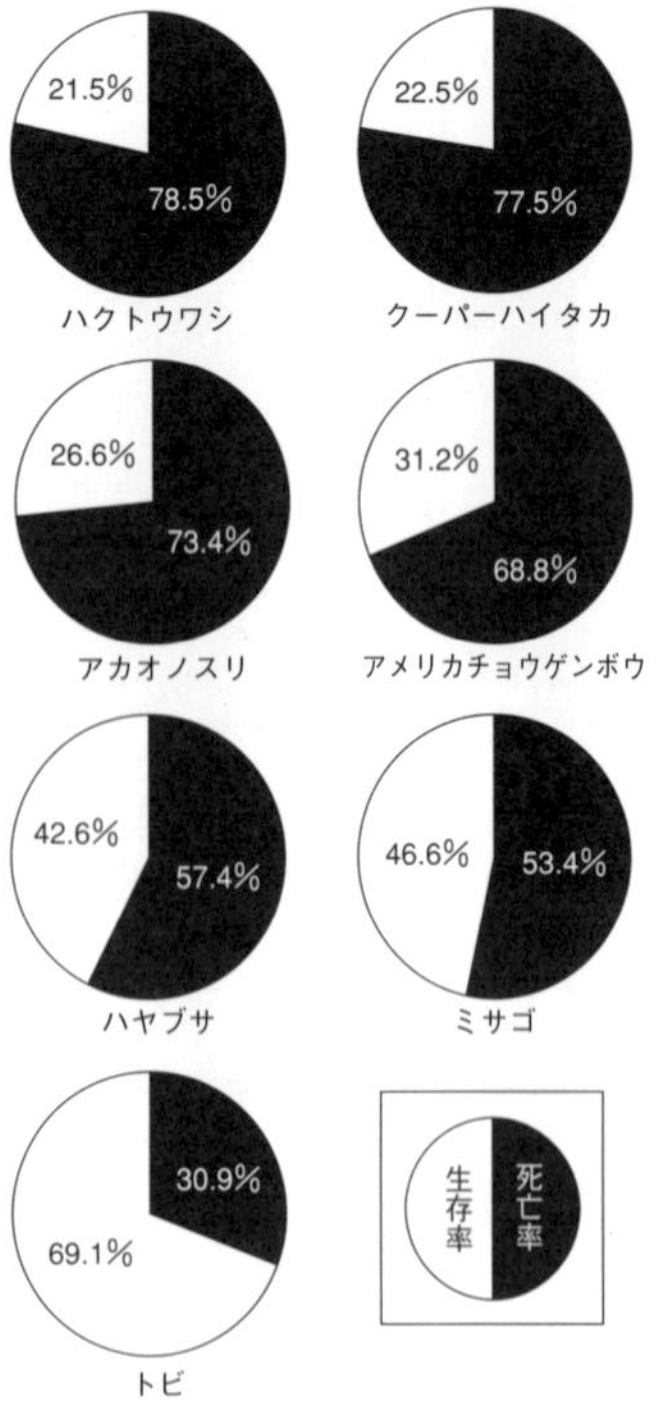

図49　猛禽類の幼鳥の成鳥になるまでの死亡率（Brown, L. and D. Amadon, 1968から作成）

生態系における位置

生物の教科書で生態系のピラミッドという三角形の図を見たことがある人は多いと思う（図50）。自然界は「食べる」「食べられる」という関係（食物連鎖）があり、ピラミッドの底辺に位置する昆虫などの小型の生物は数が多く、ピラミッドの頂点に位置する猛禽類は生息数が少ない。つまり、猛禽類は、他の動物を捕食するという特性から、もともと自然界では生息数の少ない生物なのだ。

食物連鎖の頂点に位置するということは、必ずしも強い生物であるということではない。それ

図50　食物連鎖（山本晃一作図）

どころか、自然界の変化の影響をいち早く、また深刻に受けてしまう、きわめて環境変化に弱い生物であることが多い。

例えば、獲物となる底辺の生物の数が減少すると、三角形のピラミッドの大きさは小さくなり、頂点に位置する猛禽類の数は減少するし、時には消滅してしまう。さらに深刻なことは、環境汚染物質の影響をきわめて受けやすいことである。自然環境に低濃度の環境汚染物質が存在しても、食物連鎖の低位にいる生物がその上位にいる生物に捕食されていくことが繰り返されるうちに、環境汚染物質の濃度は捕食する生物の体内にどんどんと濃縮されていくことになる。こうして、食物連鎖の頂点に位置する猛禽類は常に高濃度な環境汚染物質を摂取することになる。さらに、猛禽類は寿命が長いため、年齢を重ねるごとに体内に蓄積される環境汚染物質の濃度が高くなっていくのだ。

実際、環境汚染物質の影響で猛禽類が絶滅の危機に瀕した歴史がある。１９６０年代、農薬の過剰な使用により、多くの野生動物が死亡した。アメリカでレーチェル・カーソンさんが環境汚染の危機を社会に提起した、『沈黙の春』が刊行されたのが１９６２年。アメリカでは秋に、北部で繁殖した猛禽類が南部の温暖な地域で越冬するため、多くの猛禽類が川の流れのように次々と南へと渡っていく。このコースにあたっているところでは、その数は凄かったらしい。ところが、

1960年代、渡っていく猛禽類の数がめっきり少なくなったという。何かとんでもない異変が自然界に起きているに違いない。それが「沈黙の春」の認知だった。

アメリカでごく普通に生息していたハヤブサやハクトウワシが激減していたのだ。原因は農薬に含まれていた有機塩素化合物のDDTだった。1975年にはハヤブサはアメリカ西部にわずか39ペアしか生息していない状況にまで陥ってしまっていた。DDTは体内に高濃度に蓄積されると産卵される卵の殻の厚さが薄くなることが知られている。卵の殻が薄くなると、内部の水分が外に出やすくなり、胎子が卵殻膜と癒着《ゆちゃく》するなどして死亡してしまったり、時には、あまりにも薄くなってしまったため、雌が卵を温めようと覆いかぶさるだけで卵が割れてしまったりすることもあったらしい。こうして、生まれてくる雛の数が急減し、絶滅寸前の状態にまで陥ったのだ。

この環境汚染の警鐘を受けて、DDTは使用が禁止されるとともに、アメリカでは大規模なハヤブサ・ハクトウワシ復活作戦が行なわれた。前述したように、政府や民間組織が一丸となって、環境汚染物質の蓄積がない雛を飼育下で生産させたり、カナダから輸送したりして、元の生息地にハッキングという方法などを用いて放鳥するプロジェクトをアメリカ各地で取り組んだのだ。この結果、ハヤブサは徐々に生息数を増やし、1994年にはアメリカ全土に994ペア以上が生息するまで回復した。そして、2007年6月にはハクトウワシも約1万ペアにまで回復し、ついに絶滅危惧種指定リストからはずされることになった。

このように、私たちが気づかないような自然環境の変化や有害化学物質による環境汚染を、猛禽類はいち早く私たちに知らせてくれる、環境変化の番人のような役割を果たしてくれる生物なのだ。

2. 日本の猛禽類

日本は小さな島国ではあるが、南北に長い国であること、海岸から高山帯までさまざまな環境が存在していること、多くの鳥の渡りのルートにもあたっていることから、多種類の猛禽類が確認されている。昼行性の猛禽類は約30種が記録されており、そのうち16～18種が繁殖している（山崎１９９６)。

国内で繁殖する昼行性の猛禽類には、イヌワシやクマタカのように渡りをしない留鳥《りゅうちょう》とサシバやハチクマのように繁殖のために夏に飛来する夏鳥の二つのタイプがある。国内で繁殖しない猛禽類には、オオワシのように越冬のために冬に飛来する冬鳥、アカハラダカのように渡りの時期に通過する旅鳥、それにカタジロワシやクロハゲワシのようにまれに飛来する迷鳥が含まれる。

最も大きい猛禽はクロハゲワシで、次いでオオワシであり、ともに翼を広げると２m以上にもなる。冬鳥として主に北海道に飛来するオオワシはオジロワシと同じように、海岸部や大きな湖に生息し、魚を捕食する海ワシである。イヌワシはオオワシよりはやや小型ではあるが、翼を広げると２m近くになり、山岳地帯に生息する猛禽類では最も大型で、ノウサギ・ヤマドリ・大型のヘビを捕食する山ワシである。

この他にワシという名前のついている留鳥の猛禽が日本最南端に近い西表島《いりおもてじま》と石垣島に生息し

ている。東南アジアに広く分布しているカンムリワシだ。かつて、世界チャンピオンとなった石垣島出身のプロボクサー、具志堅用高《ぐしけんようこう》さんが「ワンヤ、カンムリワシニナイン！（私はカンムリワシになりたい！）」とあこがれた「鷲」であるが、全長はわずか50㎝ほど、体重は800gほどしかない本当に小型の「鷲」である。獲物も主に両生類や爬虫類、さらにはカニなどの甲殻《こうかく》類や昆虫など、地上にいるさまざまな小型の生物を捕食している。

日本人に最もなじみの深い昼行性の猛禽はオオタカとトビに違いない。オオタカはよくテレビや映画の時代劇に登場する、将軍や皇室が「鷹狩り」に用いた鷹である。この仲間にはハイタカ、ツミというタカがいる。これら3種は、形態はよく似ているものの、大きさはオオタカ＞ハイタカ＞ツミの順で段階的に異なっている。さらに興味深いのは、猛禽類の特徴である雌が雄よりも大きい点がひときわ際立っていることである。したがって、これら3種の雌、雄の大きさはオオタカ雌＞オオタカ雄＞ハイタカ雌＞ハイタカ雄＞ツミ雌＞ツミ雄の6段階にほぼ連続的に異なっている（図51）。つまり、大きさが異なることで、異なる獲物を捕食することが可能となるため、同じ地域に同じ仲間の猛禽類が生息することが可能となるのである。

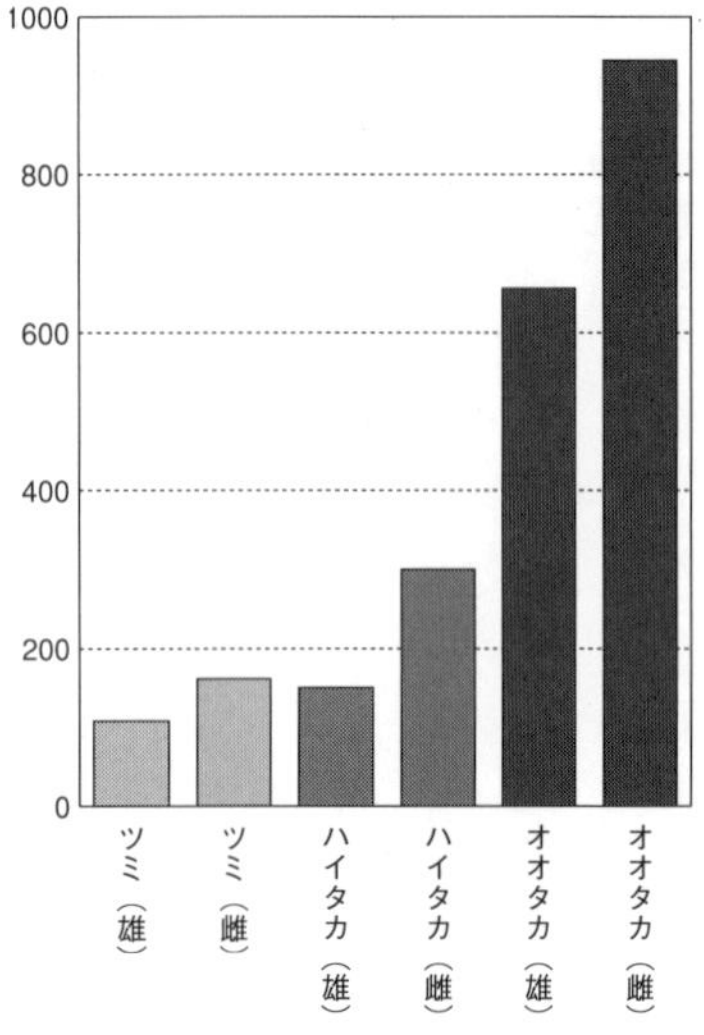

図51　ハイタカ属の猛禽類の体重（日本）

トビが猛禽とは思っていなかった人もいるかも知れない。確かに、トビは生きた獲物を襲って食べているわけでもないし、時には数十羽の群れで飛行していたりして、孤高のハンターというイメージからも程遠い。しかし、トビは猛禽類の特徴を備えた、タカ目タカ科のれっきとした猛禽である。日本ではごく普通に見られる猛禽であるが、台湾では絶滅が心配されるほど数少ない猛禽であり、トビの保護運動にかかわっている研究者も多い。

海岸部に生息する代表的な昼行性の猛禽はミサゴとハヤブサである。ミサゴは魚食の猛禽であり、海や大きな湖、大きな河川の上で停飛しながら、魚を探し、魚を見つけると真っ逆さまにダイビングして魚を捕捉する。滑りやすい魚をしっかりとつかむため、ミサゴの足指は前2本、後ろ2本となっていて（普通は前3本、後ろ1本）、2本の足を同時に使い、タオルを絞るように魚をバランスよく握り締めることができるようになっている。ミサゴは浮いてきた魚の背が見えるやいなやダイビングして捕捉するため、目論見《もくろみ》よりも大きな魚を捕まえてしまうこともあるらしい。魚には爪が食い込むため、ミサゴは持ち上げられないような魚を捕捉してもそれを放すことができず、水中に引きずり込まれて死亡することもあるらしい。網にかかった大きな魚の背中に、「鷹」の爪や脚の骨がついているのを見たことがあるという漁師さんの話をあちこちで聞いたことがある。

ハヤブサは海岸部に広く分布し、繁殖しているが、ミサゴのように魚を捕食しているのではない。ハヤブサはそのすばらしい飛翔能力を武器に、主に小型～中型の鳥類を空中で捕獲している。ハヤブサが海岸部に多く生息している理由は、海岸部には渡り鳥や海鳥が多く飛来し、容易に獲物を捕食できることと、巣をつくるのに適した岩崖が多いことである。

　海や大きな湖、河川に面したヨシ原に代表的な猛禽はチュウヒの仲間である。ヨシ原帯のすぐ上をすれすれにふわふわと飛行しながら、ヨシ原に生息するネズミの仲間や小型の鳥などを探索し、捕食している。日本で繁殖するチュウヒもいるが、多くは冬に飛来する。

　その他、留鳥として日本で繁殖する猛禽類で比較的よく見ることができるのは、チョウゲンボウ、ノスリである。チョウゲンボウは小型のハヤブサの仲間で、主に地上の昆虫やネズミなどを、ノスリは主に林縁部などでネズミの仲間を捕食しているが、ともに冬になると、農耕地や河川敷などに移動してくるため、人家周辺でも見かけることが多くなる。

　渡り鳥の猛禽として、最も有名なのはハチクマとサシバである。両種ともに、東南アジアで冬を越し、夏に日本にやってきて繁殖する。ハチクマはその名前のとおり、主にハチの幼虫や蛹を捕食する変わった猛禽である。サシバは主に水辺に多い両生類・爬虫類・昆虫などを捕食する。ハチクマの獲物もサシバの獲物も日本（琉球列島は除く）では、冬には姿を消してしまうため、日本で冬を越すことはできないのである。

　日本で繁殖したハチクマは9月下旬頃に次々と本州を南下し、10月初旬に長崎県の福江島付近から西方の中国大陸方向に渡っていくことが確認されていたが、その後、どこまで行っているかはわかっていなかった。それが、2003～2005年に東大の樋口教授などが人工衛星を用いた追跡調査を行なった結果、中国大陸に渡った後、インドシナ半島を経由して、インドネシアのジャワ島にまで渡っていく個体がいることが明らかになった（樋口 2005）。ジャワ島で越冬したハチ

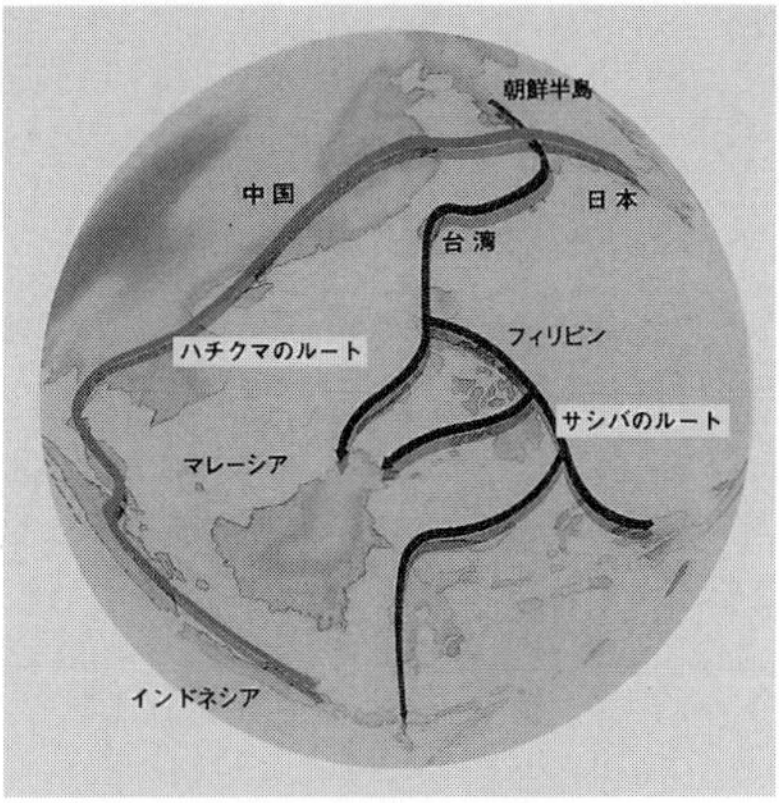

図52　アジアにおけるタカの渡りルート
（学研『くるみの木』掲載の図に加筆）

クマは2月頃になると、今度は同じルートを北上し始め、5月中旬頃に日本に戻ってくる。距離にして片道約1万km、60～90日間にもおよぶ壮大な自力の旅である。この東南アジアをまたにかけた壮大な旅を年に2回行なっているというのは本当に驚きである。

ハチクマと同じように、サシバも日本へは繁殖のために渡ってくる夏鳥であるが、ハチクマとは渡りのルートも越冬地も異なる。10月初旬に九州最南端の佐多岬から南西諸島を経由して沖縄本島、石垣島、台湾、フィリピンへと渡り、翌年の4月下旬頃には再び日本に戻ってくる。なお、サシバの一部は、冬にも昆虫や爬虫類などが活動している沖縄本島などの琉球列島でも越冬している。

渡りを行なう猛禽類にとっては、生活の舞台は、日本だけではない。ハチクマにとっては、越冬地のインドネシア、渡り途中の多くの東南アジアの国々、そして繁殖地の日本のすべての国が1年の生活を支える場所であり、サシバにとっては、越冬地や渡りの中継地であるフィリピンや台湾、琉球列島の森林、国内の主な繁殖地である里山のすべてが生存の基盤であり、そのどれ一つが欠けても生存していけないのだ。また、日本に冬鳥として飛来するオオワシにとっては、北海道などの魚が豊富な越冬地、ロシア極東部の限られた繁殖地、その間を行き来する渡りルートのサハリンの自然のいずれが欠けても種を維持していくことはできないのだ。

このように日本ではさまざまな猛禽類を見ることができるが、それは日本の自然の豊かさと多様性だけによるものではなく、アジア地域の生物多様性を育む豊かな自然環境が存在していてこそ、かなうものであることを忘れてはならない。

3．滋賀県の猛禽類

滋賀県は本州のほぼ中央部に位置し、本州中部以北と以南の生物相の境界にあたる。また、滋賀県には日本最大の湖である琵琶湖があり、豊かな水環境が広がっている。さらに県境部には1000m級の山岳地帯が琵琶湖を取り巻くように連なり、そこには深い峡谷が複雑に入り組んでいる。このため、自然環境は多様性に富み、多くの種類の生物が数多く生息しており、猛禽類の種類や数も多い（図53）。

琵琶湖では魚を捕食するミサゴが見られるし、ごく少数だが、冬にはオオワシ・オジロワシも飛来する。湖岸部には数多くのトビが生息し、湖岸沿いに生育しているあちこちの樹木で営巣している。とくに秋から冬にかけては大群のトビが魚をねらって河口付近に集結し、乱舞しているのをよく見かける。

湖岸に近いヨシ原ではチュウヒが見られる。ほとんどのチュウヒは冬鳥だが、ごく一部は限られたヨシ原帯で繁殖している。ハヤブサは、冬に湖岸部から丘陵地で見かけることが多いが、琵

図53　琵琶湖から山岳地帯で見られる猛禽類（山本晃一作図）

琶湖の島や琵琶湖周辺の岩崖で繁殖するペアもいる。湖岸の外周に広がる干拓地や水田には、冬になるとチョウゲンボウ、チゴハヤブサ、ノスリが飛来し、ヨシ原や水田で越冬している小鳥やネズミなどの小動物を捕食している。また、丘陵地や山麓部で繁殖するオオタカも冬には湖岸部や水田地帯でも見かけることがある。

山間部にはサシバ、ツミ、ハイタカ、オオタカ、ハチクマ、クマタカ、イヌワシが生息している。サシバは4月頃に夏鳥として飛来し、水田に近い丘陵地や山麓部の谷地部、山間部の水系で繁殖している。小型の鷹のツミやハイタカは山麓から山間部の森林地帯に生息しているが、これらの鷹も冬には小鳥の多い河川周辺や人家周辺にも出現する。オオタカは人家に近い丘陵地から山間部まで広い範囲に生息し、繁殖している。しかし、近年はドバトを捕食するオオタカが増加し、市街地に近い林でも繁殖すること

図54　琵琶湖に飛来するオオワシ
（西村武司撮影）

図55　滋賀県北部でのハチクマの渡り
（西村武司撮影）

もあり、特に冬には人家周辺でもよく見かけるようになった。

主にハチの幼虫や蛹を捕食するハチクマは5月中旬に滋賀県に渡ってくる。滋賀県ではハチクマの多くは渡り鳥であるが、一部は県内の山麓～山間部の森林地帯で繁殖している。サシバとハチクマは9月下旬になると再び東南アジアに戻っていくが、秋の渡りは、滋賀県より北部で繁殖した個体がどんどん合流して渡っていくため、県内でも見事な鷹の渡りを観察することができる。不思議なことに琵琶湖を横断していくルートはなく、琵琶湖を避けるように琵琶湖の北部と南部にルートがある。北部ルートは賤《しず》ヶ岳（木之本町）方面から箱館山《はこだてやま》（高島市）を経由して蛇谷《じゃだに》ヶ峰方面（同）に達し、南西の京都府方向に渡っていくもので、ハチクマが主流である。南部ルートは、関ヶ原方面から佐和山《さわやま》城跡付近（彦根市）や猪子山《いのこやま》付近（東近江市）を経由して岩間山《いわまやま》（大津市）に渡っていくルートがよく知られており、サシバが多い。

そして、琵琶湖を取り巻く山岳地帯に一年中生息し、繁殖している大きな猛禽類がイヌワシとクマタカである。

第5章 北方系のイヌワシ vs 南方系のクマタカ

イヌワシの翼の形状

クマタカの翼の形状

1. 鷲と鷹

イヌワシとクマタカはどちらも大型の猛禽である。イヌワシは翼を広げると2m近くにもなる。クマタカはイヌワシに比べると翼の長さはやや短く160cm足らずであるが、その代わり、翼の幅が広く、40cmほどもある。つまり、イヌワシはグライダーのように板状に長い翼を持ち、クマタカはやっこ凧のように幅広くてやや丸みのある分厚い翼を持っている（第5章扉の図参照）。

ところで、「鷲」と「鷹」はどこが違うのだろうか？　古くから、比較的大きな猛禽を「鷲」と呼び、比較的小さな猛禽を「鷹」と呼んでいたらしい。しかし、分類学的にはイヌワシもクマタカもタカ目タカ科に属し、「鷲」と「鷹」の区別はないし、両者を区別する大きさの基準もない。前に述べたように石垣島と西表島に生息するカンムリワシは「鷲」という名前がついているものの、体重はわずか700～800g程度で、トビよりもはるかに小さい。一方、クマタカは「鷹」という名前がついているが、体重は約2～3kg（雌が雄よりも重い）もあり、カンムリワシの3倍近くも大きい。

イヌワシとクマタカはともに、日本の山岳地帯に生息する、大きくて力強い猛禽であるが、元々の生息域や形態はまったく異なっている。

2. 北方系の猛禽、イヌワシ

イヌワシ（*Aquila chrysaetos*）はヨーロッパからロシア、ネパール、モンゴル、北アメリカなど北半球の高緯度地域に広く分布する大型の猛禽であり、その精悍《せいかん》で勇壮な姿と類《たぐ》いまれな飛翔能力は世界各地の人々を魅了し、神の鳥として崇められたり、力の象徴として紋章に用いられたりしてきた。

イヌワシには6亜種（5亜種と記載されている本も多い）が知られており、日本に生息するのはその中で最も小型のニホンイヌワシ（*Aquila chrysaetos japonica*）である。ニホンイヌワシは他の亜種と異なり、朝鮮半島と日本にしか分布しない、きわめて個体数の少ない（分布域の狭い）亜種とされている。

世界のイヌワシの繁殖地域は北緯70～20度であり、日本と朝鮮半島に分布するニホンイヌワシは旧北亜区の大きな分布域から南方に分離した小さな個体群である。日本の主な繁殖地は北緯34～42度の範囲にあり、ニホンイヌワシの分布域はイヌワシの分布域としてはかなり南方に位置している（図57）。

イヌワシが高緯度地域に生息している理由は、イヌワシの生息にとって不可欠な環境要素の分布と関係している。高緯度地域には、

図56　イヌワシの成鳥は、後頸部が黄金色

図57　イヌワシとクマタカの分布域（Grossman, M. L. and J. Hamlet 1964 から作成）

草地や低灌木地などの開けた自然環境が広がり、その中に営巣場所となる崖が散在する丘陵地や山地が多いからである。つまり、本来は、森林におおわれた山岳地帯にはイヌワシは生息していないということであり、日本のように森林におおわれた山岳地帯にイヌワシが生息するということはきわめて珍しいことなのである。

このことはイヌワシの形態に大きく関係している。イヌワシの翼は幅広いだけでなく、グライダーのように長い。この大きくて長い翼で上昇気流や斜面を吹き上げる風を巧みにとらえ、羽ばたくことなく広い行動圏を飛行することができる。ところがこのグライダーのような羽では森林の中に入っていくことはできない。つまり、森林におおわれた山岳地帯では、たとえ獲物となる動物が多く生息していても、その獲物を捕食することができないため、イヌワシは生息していないのだ。

3．南方系の猛禽、クマタカ

クマタカはクマタカ属という大型の森林性猛禽類の仲間である。クマタカ属には10種が含まれており、多くは熱帯や亜熱帯の森林地帯に生息している。

中南米にはアカエリクマタカ（*Spizaetus ornatus*）、クロクマタカ（*Spizaetus tyrannus*）の2種、アフリカにはアフリカクマタカ（*Spizaetus africanus*）の1種、そして東南アジアにはクマタカ（*Spizaetus nipalensis*）、ジャワクマタカ（*Spizaetus bartelsi*）、スラウェシクマタカ（*Spizaetus lanceolatus*）、フィリピンクマタカ（*Spizaetus philippensis*）、カオグロクマタカ（*Spizaetus alboniger*）、ウォーレスクマタカ（*Spizaetus nanus*）、カワリクマタカ（*Spizaetus cirrhatus*）の7種が生息している（図58）。

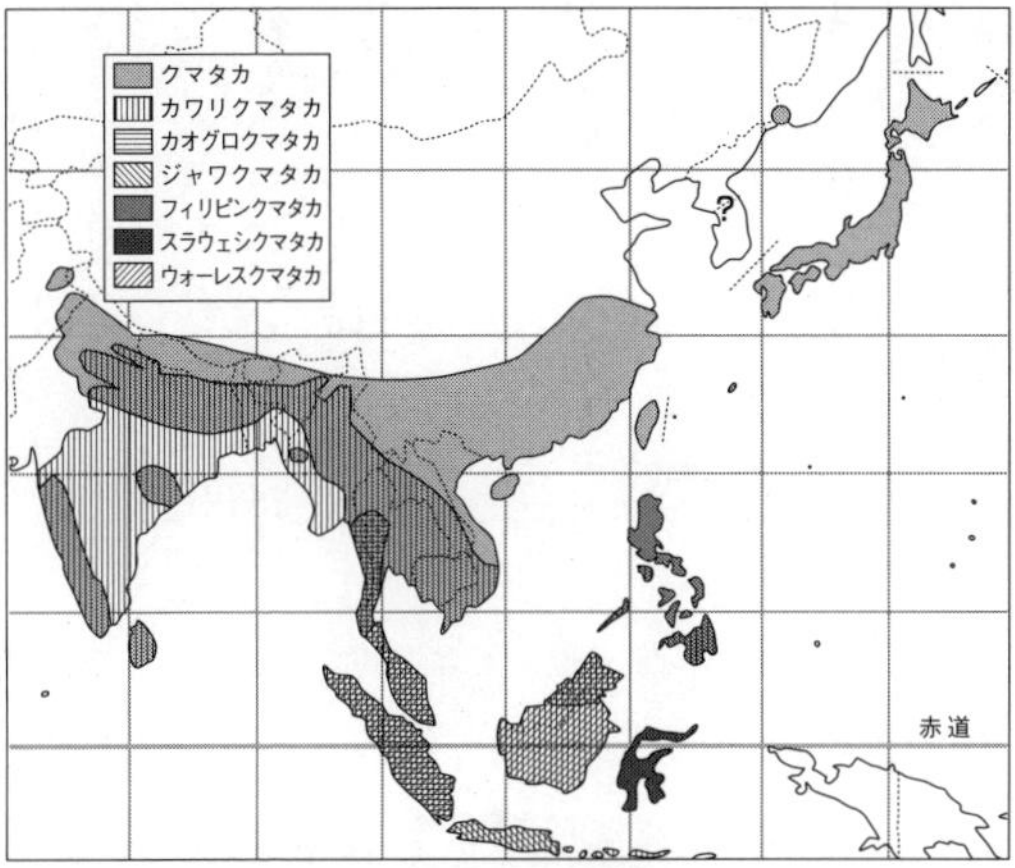

図58　アジアにおけるクマタカ属の分布
（アジア猛禽類ネットワーク作成）

どうして東南アジアにはこれほど多くのクマタカ属の猛禽類が生息しているのだろうか？　世界地図を見るとわかるとおり、東南アジアには多くの島がある。ジャワクマタカはインドネシアのジャワ島だけに、スラウェシクマタカはインドネシアのスラウェシ島だけに、そしてフィリピンクマタカはフィリピンだけに生息しており、日本に生息するクマタカは、これらのクマタカが生息していない地域に分布している。ジャワクマタカ、スラウェシクマタカ、フィリピンクマタカはともに長い冠羽を持っているが、全体によく似た形態をしている。さらに、日本に生息するクマタカも長い冠羽こそ持っていないが、全体の形態はよく似ている。つまり、元は同じ種であったが、古い時代に島が分離したため、独立した種に進化していったのではないかと、私は思っている。東南アジアの島々は壮大なガラパゴスのようなものだ。

日本にはクマタカ属の猛禽類はクマタカ1種しか生息していないが、東南アジアには複数のクマタカ属の猛禽類が生息している地域がある。日本には生息しないカワリクマタカ、カオグロクマタカ、ウォーレスクマタカが、クマタカやジャワクマタカが生息する地域にも生息している。この中で、カワリクマタカの分布域が最も広く、広い範囲でクマタカ、ジャワクマタカの生息域と重なっている。どうして、カワリクマタカは同属のクマタカと同じ地域に生息することができるのだろうか？

クマタカ、ジャワクマタカは山地帯の森林に生息し、森林に生息するさまざまな小型～中型の哺乳類、鳥類、爬虫類などを捕食しているのに対し、カワリクマタカは平地に近い山地帯や平地の池・沼の周囲にも生息し、主に爬虫類や両生類などを捕食している。つまり、東南アジアの自

フィリピンクマタカ（PEF提供）
ウォーレスクマタカ（Kim Chye撮影）
カワリクマタカ（Oki Kristiawan撮影）
ジャワクマタカ（Usep撮影）

図59　東南アジアに分布するクマタカ属の4種

然は異なる2種(地域によっては3種)のクマタカ属の猛禽の生息を可能とするだけの多種多様な生物を豊富に生産する豊かな森林に恵まれているということである。

しかし、クマタカ属の猛禽類は東南アジアに広く分布している大型の猛禽類であるにもかかわらず、その生態はほとんどわかっていない。なぜなら、クマタカ属の猛禽類は森林内に滞在していることが多く、目撃率がきわめて低いことや東南アジアでは近年まで猛禽類を調査する研究者がほとんどいなかったからである。

日本に生息するクマタカは、スリランカ、インド南部の一部、インドシナ半島からネパール、中国東南部、ロシア極東部の一部にかけての広い範囲に分布するクマタカのうち、日本にのみ分布する最も大型の亜種（*Spizaetus nipalenis orientalis*）であり、日本はクマタカの分布域のほぼ北限に位置している(図57)。なお、朝鮮半島では過去に数例の確認報告があるだけで、現在のところ繁殖の確認はない。生息場所は山岳森林帯であり、典型的な森林性の大型猛禽である。日本では、九州から北海道まで、植生タイプにかかわらず、獲物となる動物が豊富に生息する森林が連続して存在する山岳地帯に広く生息している。クマタカはイヌワシに匹敵するほど大型の猛禽であるが、翼の幅が広く、小回りのきく飛行が可能であり、森林内にも入っていくことができることから、全国の山岳森林帯に広く分布しているのである。

第6章　森の精「クマタカ」との出会い

森の中のアカマツ中枝に止まるクマタカ

1. なめてかかったクマタカ

滋賀県内のイヌワシの分布を調べるために山に入ると、イヌワシは出現しなくても、クマタカが出現することは多かった。またKか…。K＝クマタカには大変失礼なことであるが、生息場所の限られているイヌワシの出現を期待して観察している私たちにとっては、クマタカが出現するとがっかりすることの連続だった。

確かにクマタカはイヌワシよりも分布している範囲は広い。滋賀県にイヌワシが生息していることが知られていなかった時にもクマタカの生息は知られていた。だから、クマタカはイヌワシのように生態を明らかにするのはそれほど困難なことではないだろう。最初はそう思い、とくに調査する気持ちにもならなかった。

図60　樹頂に止まるクマタカ（兵藤崇之画）

しかし、クマタカはあちこちで出現するものの、断片的な出現が多く、獲物を捕っている様子を観察することもほとんどなかった。クマタカはイヌワシよりも一回り小さいというものの、飛翔している姿によっては、イヌワシと見間違うほどの、力強く大きなタカだ。どうしてイヌワシとクマタカが同じ山岳地帯に生息することが可能なのだろうか？　野生の生物は自然界にある資源を競合しないように利用することによって共存している。猛禽類は生きた獲物を捕食するため、生態系の食物連鎖の頂点に位置する生物とされている。では、同じような大きさの大型の猛禽類が同じ場所に生息しているということは、どのように資源を分け合っているのだろうか？　それを明らかにすることによって、イヌワシが、そしてクマタカが生存していくのに不可欠な環境要素をより正確に知ることができる。その謎を明らかにしたいという衝動が日に日に高まっていった。

鈴鹿山脈でイヌワシの調査を始めて約6年。イヌワシの繁殖生態調査や合同調査を通じての行動圏調査などから、イヌワシの生態に関してはおおよそわかってきた時点のことである。イヌワシと比較するために、クマタカの生態調査もついでにやってみることにした。

まず、クマタカの生態がどれくらい明らかになっているのか、全国のいろいろな情報を集めてみた。クマタカは全国の山岳森林帯に生息しているので、かなりのことがわかっているだろうと思っていた。ところが、営巣木や雛の生育の様子の報告はいくつかあったが、行動圏やハンティング場所などは、ほとんどわかっていないということがわかった。

それなら、イヌワシと同じように私たちで調査するしかない。クマタカはイヌワシよりも生息数が多いし、頻繁に出現する。それに、私たちはイヌワシの生態調査で培った観察能力と調査技術を持っている。それをもってすれば、クマタカの生態などはたやすくわかるだろう、本当に最初はそう思っていた。

2. 見えてこないクマタカの生態

クマタカの本格的な生態調査は1983年から開始した。対象となるペアはK0401ペア。このペアの営巣場所はイヌワシの行動圏の中にあり、イヌワシの営巣している谷とは、主流の河川をはさんで対岸にある。このペアを調査対象に選んだのは、同じ地域に生息しているイヌワシとクマタカを調査すれば、獲物やハンティング場所、行動圏などを明瞭に比較することができると判断したからだ。

調査方法は、クマタカの営巣木がある谷を中心に、イヌワシと同じように複数の定点を配置し、出現するクマタカの行動を連続して観察するという合同調査方式をとった。クマタカはイヌワシよりも生息ペア数が多く、1ペア当たりの行動圏はイヌワシに比べて狭いことが予測されたため、イヌワシよりも狭い範囲をきめ細かくカバーできるように、短い距離を置いて観察定点を配置した。そうして万全を期した体制で調査を開始した。

図61　枝に止まるクマタカのペア
（小澤俊樹撮影）

ところが、調査を積み重ねても、断片的な飛行トレースしか取れない。線がつながってこない。また、調査者が出現したクマタカを必死に追跡しようとしても、イヌワシのように調査者間で連

図63　クマタカの成鳥雌（井上剛彦撮影）

図62　クマタカの成鳥雄

携して追跡することができない。すぐに見失ってしまう。行動圏と考えられる範囲はすべてカバーしていたはずだ。しかも、観察者はイヌワシの合同調査で鍛え上げた一級のつわものばかりだ。あまりにもデータが取れないので、観察定点を増やしたり、谷の中が見える定点を設けたりと、さまざまな工夫をした。しかし、それでも、結果は変わらなかった。

しかも、このペアは2月11日に巣を発見することができており、繁殖も順調に進んでいた。ペアが巣に出入りするのだから、巣を起点として行動を追跡できるという大きなメリットがある。それなのに、巣から出た後、どこに行くのか追いきれない。また、どこから獲物を持って巣に帰ってくるかのデータもほとんど取れなかった。獲物を持って帰ってくるクマタカが目撃されていないのに、突然、巣に獲物を持った親が巣に飛び込んでくることはよくあった。あまりにも動きが見えない。さすがに焦《あせ》りが出てきた。

クマタカはイヌワシとは違うのだ。当たり前のことだが、実際に、全力をつくして調査しても成果が上がらないという現実を体験することによって、身を持ってそのことを実感することができた。恐らく、この結果こそがクマタカの生態を反映しているのだろう。つまり、イヌワシと同じ調査方法ではクマタカの生態はいつまでたってもわからないのだ。「また、K（クマタカ）か」と、イヌワシ調査の時にはその出現に落胆していたことが嘘のようだった。クマタカをなめすぎていたのだ。

しかし、このことがクマタカの生態調査に本気で取り組むきっかけになった。

3. クマタカ生態研究グループの発足

最初は、焦りとプライドが傷つけられた悔しさのあまり、意地になって力づくで、クマタカの生態調査に取り組んでいた。しかし、クマタカの行動記録をよくじっくり見直してみると、連続的なデータが取れないのは、クマタカが森林の中に消え、また予測もしない森林の中から現れるためであることがわかった。まるで「森の忍者」だ。

イヌワシは森林の中には入らずに、林縁部や自然草地などの開けた場所で獲物を探索し、捕食している。また、移動する場合にも上昇気流のある尾根上を飛行することが多い。だから、イヌワシはその行動圏が広いにもかかわらず、観察定点を数多く配置すればその動きを追跡することができたのだ。

しかし、クマタカはイヌワシと異なり、森林内に入ることができる。このため、クマタカは外からは見えない森林内での生活が多く、森林内で獲物を探し、捕食しているのではないか？　しかも、クマタカはイヌワシと異なり、岩棚ではなく大きな樹木にしか営巣しない。ということは、

図64　森林の中枝に止まるクマタカ
（兵藤崇之画）

クマタカの生存は森林生態系ときわめて密接な関係にあるのではないか？

　私たちがイヌワシやクマタカを調査しているのは、彼らが格好よくて、魅力的な鳥であるからだけではない。彼らが生存している山岳地帯の自然環境を保全したいと願っているからだ。その目的達成のためには、森林と密接な関係にあるクマタカの生態を明らかにすることが重要ではないか……そう思うようになった。

　そこで、「森の忍者」の生態を解明するためのプロジェクトチームを結成して、本気で調査に取り組むことにした。それが、「クマタカ生態研究グループ」である。滋賀県内や近隣府県でいっしょにイヌワシを調査していた日本イヌワシ研究会会員やクマタカの生態を解明したいという若者が集まり、「森の忍者」の正体を明らかにする研究に挑むことになった。

　でも、どのようにすればクマタカの生態を明らかにできるのか？　毎月1回、勉強会を行ない、猛禽類の研究が進んでいる欧米の文献を読んだり、議論したりした。当然、調査地に行って、試行錯誤の調査も繰り返した。

4. クマタカは「森の精」

最初に調査対象にしたK0401ペアの巣は1983年2月11日に発見できた。ここは、林道から山道を数分歩けば、巣の中が見える場所に到達できる。クマタカの繁殖生態を観察するには絶好の場所であった。巣から約120m離れた杉林の中にブラインドとなる簡易テントを張り、メンバーが交替で望遠鏡を使って観察を行なった。

1983年4月10日。巣では雌が抱卵していた。雌が転卵のために立ち上がった瞬間、1個の白い卵がはっきりと見えた。クマタカはイヌワシと違って、抱卵中もあまり動かない。しかも、イヌワシのように定期的な抱卵交替がない。土日にはメンバーが増えるので、一人がブランドから巣の様子を観察している時に、周囲の観察地点でも同時に観察を行ない、無線機で情報を交信し合った。

抱卵期間中は、雄が獲物を捕獲し、それを巣で抱卵している雌に渡す。雛が孵化しても、雌は、3週間程度は雛を温め、この間ももっぱら雄が獲物を捕獲して、巣に持ち帰る。ブラインドからの交信で「今、巣に雄が獲物を持って戻りました!」という興奮した声が聞こえた時には驚いた。巣の周囲が見通せる観察地点にメンバーが張り付いているのに、巣に戻ってくる雄の姿を確認できなかったのだ。イヌワシではこんなことはない。やはり、クマタカは森林内を移動する「森の忍者」だったのだ。これでは、いくら観察地点を多く配置しても、データが取れない訳だ。

図65　横縞模様がきれいなクマタカの翼の下面

しかし、クマタカは「森の忍者」だけではなかった。巣の近くの枝に止まっているクマタカはまさに樹幹そのものだった。とくに、木漏《こも》れ日のさす林内のモミの大木に止まっている時のクマタカの姿は見事に樹皮に溶け込んでいた。また、ある日、林内を歩いている時に、クマタカが私の頭上を飛行していったことがあった。クマタカの翼下面の黒白の横縞《よこしま》模様は、樹冠部からチラチラとさす陽光に同化し、森と一体化していた。そうなのだ！　クマタカは「森の忍者」だけではなく、「森の精」なのだ。森林生態系の食物連鎖の上位に位置する猛禽というだけではなく、クマタカそのものが樹木と森林に同化している、まさに「森の精」だったのだ。

5．最新技術を駆使したクマタカの生態研究

ブラインドからは巣の中の親鳥の行動や雛の成育状況は観察できた。しかし、行動範囲やどこで獲物を捕っているのかは、いくら調査を積み重ねても明らかになってこなかった。

クマタカの合同調査に行き詰まっていた時、前述したようにアメリカで猛禽類研究の現場を見るチャンスにめぐり合わせたのだ。そこでは、イヌワシの生息環境を見るだけでなく、猛禽類調査の新しい技術についてもいろいろと学ぶことができた。

アイダホ州の「スネークリバー猛禽類研究エリア」では、猛禽類の行動圏や生息場所利用を科学的に解明するため、対象とする猛禽類の個体識別を確実に行なうとともに、電波発信機を用いたラジオトラッキング調査も行なっていた。

個体識別を行なう方法として、翼帯マーカーという独特のマーキング方法を確立し、成果をあげていた。野鳥のマーキング方法としては、足輪が最も一般的な方法であるが、猛禽類は遠方を飛んでいるのを見かけることが多く、また樹上に止まっていても枝葉で脚が隠れていることが多いため、野外で足輪の色や番号をきちんと確認することは難しい。このため、翼の付け根に色のついたビニールコーティングしたナイロン素材でつくったマーカーをぐるっと巻く翼帯マーカー法が考案された。この素材は日光に何年さらされても、劣化したり、変色したりしないことが確認されていた。

もうひとつの調査技術は電波発信機によるラジオトラッキングである。これは小型の電波発信機を猛禽類に装着し、受信機でその電波を受信することにより、猛禽類の位置を特定する方法である。テレビの動物番組では野生動物の調査にこの方法が使われているのをよく見ていたが、実際に使用したことはなかった。そこで、「スネークリバー猛禽類研究エリア」の猛禽類研究者に依頼して、実際に猛禽類のラジオトラッキング調査の現場に連れて行ってもらった。

受信機を肩に掛け、「八木《やぎ》アンテナ」と呼ばれる指向性のあるアンテナで電波発信機から発せられる電波の受信を試みた。ピッ、ピッ、ピッ、ピッ、と弱いながらも明瞭な電波の音が一定間隔で聞こえてきた。電波発信機を装着した猛禽類が見えなくても、そこから発信される電波を受信することができるのだ。アンテナを回して最も強く受信できる方向を絞り込み、その方位を測定する。次に、最初の受信地点から別の場所に移動して、また同様の方位特定を行なう。地図上に、この2点の受信位置から特定した方位の方向に直線を引き、その線が交わったところが電波発信機を装着した猛禽類のいる所と推定される。

この方法をクマタカに応用すれば、たとえクマタカが林内にいたとしても位置がわかるのではないか？　そうすれば、ほとんど目撃することができず、データを蓄積することができなかったクマタカの研究は一気に進むのではないか？　もう、いてもたってもいられない気持ちになった。

日本に帰って、すぐに翼帯マーカーと電波発信機によるクマタカの生態調査プロジェクトを開始した。アメリカからもらってきたイヌワシ用の翼帯マーカーをそのまま使用するわけにはいかない。先に説明したように、イヌワシとクマタカは生息環境が大きく異なり、飛行方法も異なる。このため、翼の形態も異なっているので、翼帯マーカーの形状や大きさもクマタカ用のものに改造する必要があった。

翼帯マーカーは、翼の付け根の翼膜《よくまく》という部分をぐるっと巻いて装着するので、大きさを決めるにはこの翼膜の幅を調べなければならない。このため、日本で最も多くの鳥の剥製《はくせい》を保存している財団法人山階《やましな》鳥類研究所に行き、剥製の測定を行なった。さらに、クマタカの剥製が滋賀県の多賀町役場の町長室に飾ってあることを聞いていたので、これも測定させてもらった。この多賀町のクマタカは標本用の剥製ではなく、実際に生きている時の姿に似せてつくってあったので、翼帯マーカーの形状を決めるのにも役立った。こうして、クマタカ用の翼帯マーカーの試作品ができたが、実際に生きているクマタカに装着して、本当にその形状や大きさで問題はないかどうかを確認する必要があった。

ちょうどその頃、1987年3月、兵庫県の自然保護課から怪我《けが》をしているクマタカについて連絡があった。シカの防除用ネットに脚が絡まって保護されたクマタカがいて、動物病院で治療をしてもらっている。しかし、脚が腐っていて、回復の見込みもなく、動物病院では飼育を継続することに困っているので、獣医師で猛禽類に詳しい私にどのようにしたらよいかとの相談だった。その動物病院の獣医師と電話で話をしたが、細菌感染が進行しており、野外へ返すのは不可能と思われるので、何とかひきとってもらえないかとのことだった。動物病院に行き、そのクマタカを診たが、右脚はシカの防除網に絡まっていた時に動物に咬《か》まれたらしく、咬傷《こうしょう》があり、神経が切断されていた。さらに、網がからまることで血流が妨げられ、そこより先は壊死《えし》していた。このような状態では野外に返すことは不可能と判断されたため、私が引き取り、飼育下で可能な限りの治療を続けることとなり、兵庫県で滋賀県に移送する手続きを取ってもらい、そのクマタカは我が家に来ることになった。

自宅の庭の一角に1畳半ほどの飼育小屋を造って、治療を続けながらの飼育が始まった。最初は警戒していたが、次第に環境にも慣れ、食欲も出てきた。しかし、野外に復帰させることは不可能だったので、このクマタカには少々気の毒だったが、試作した翼帯マーカーの試着に協力し

図66　兵庫県で保護され、我が家で飼育していたクマタカの成鳥雌

てもらうことにした。試作の翼帯マーカーの型を用いて、やわらかい布地で模造の翼帯マーカーを作り、それを実際に装着する。そして1カ月後、この模造マーカーを取りはずして、少しでも曲がりや汚れのある部分があればそこは切り取って、新たな模造マーカーを作った。これを繰り返し、ようやくクマタカの身体にぴったり合う翼帯マーカーを完成することができた。

そして、この翼帯マーカーは１９８７年に、巣立ち後の幼鳥の行動範囲を追跡するのに初めて使用された。その結果、追跡調査に大きな威力を発揮することが証明され、１９９０年からは成鳥の個体識別にも使用することになった。

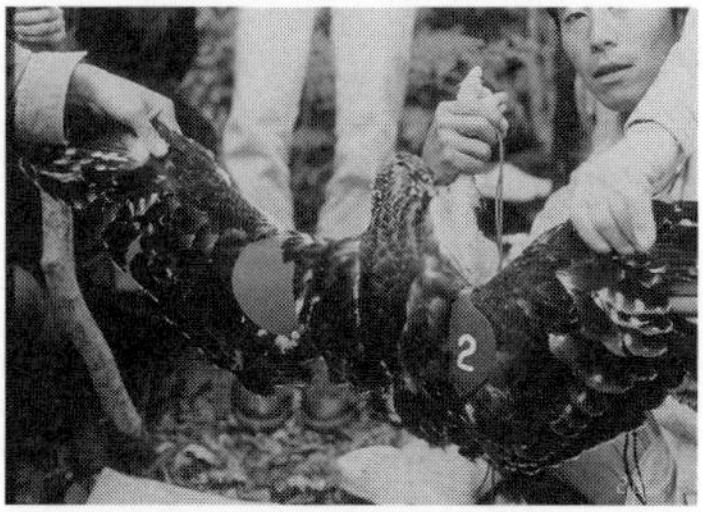

図67　クマタカ巣内雛への翼帯マーカーの装着（個体番号8902）

もう一つは、電波発信機。まず、電波発信機の仕組みや受信方法についての勉強会から始めた。膨大な文献資料をアメリカの研究者から送ってもらい、クマタカ生態研究グループのメンバーが分担して日本語に訳した。問題は、肝心の電波発信機だった。

アメリカの電波発信機は、１４０MHz帯という高周波の電波を使用していた。高周波の電波の特徴は、直進性は強いが障害物に当たると反射しやすいという点である。私が実習させてもらったアイダホ州のような大平原地帯では、反射波はほとんど問題にはならないので、高周波帯の電波発信機が使われることが多い。しかし、日本、とりわけ私たちのフィールドである鈴鹿山脈のように山々が連続して存在し、急峻で深い谷が複雑に入り込むような地形では、反射波が多く発生し、位置を推定することがきわめて困難になる。このため、反射波の少ない低周波の50MHz帯電波を利用することにした。この頃は、まだ日本ではラジオトラッキングによる野生動物調査はそれほど多く実施されてはいなかったが、幸い、知人を通じて、野生動物用の電波発信機を作成している人と知り合いになることができた。鳥類に装着する電波発信機の重量は体重の3%未満が望ましいとされているので、電波発信機はできるだけ軽くするように依頼した。どうせ独自のものを作成するなら、欧米にはない、より性能が高く、クマタカ専用のものを作成しようと、改良へのプロジェクトが始まった。

当時、アメリカの猛禽類学会に行くと、電波発信機などの調査機器も展示販売してあった。電波発信機の装着方法は、尾羽につける方法とハーネスという紐《ひも》を用いてランドセルを背負わせるように背中にとりつける方法に大別できる。

尾羽装着法は、行動への影響がほとんど問題のない最良の方法であるが、軽量でないと尾羽への負担がかかること、尾羽が換羽で落下すると電波発信機も落下するという欠点があった。このため、当時、学会の展示会で販売されていた尾羽型電波発信機は重量を軽くするため、電池が小さく、寿命が2カ月くらいしかなかった。

ハーネス装着法は、電波発信機が換羽で落下することはなく、重量も尾羽装着のものほど軽量でなくても大丈夫なため、長期間の調査が可能となる。しかし、ハーネス法は電波発信機を取り付ける紐を身体に回して縛ってあるため、行動に悪影響を及ぼす危険性がある。さらに、クマタカのように森林内で獲物をハンティングするような猛禽類では、獲物を追いかけてブッシュなど

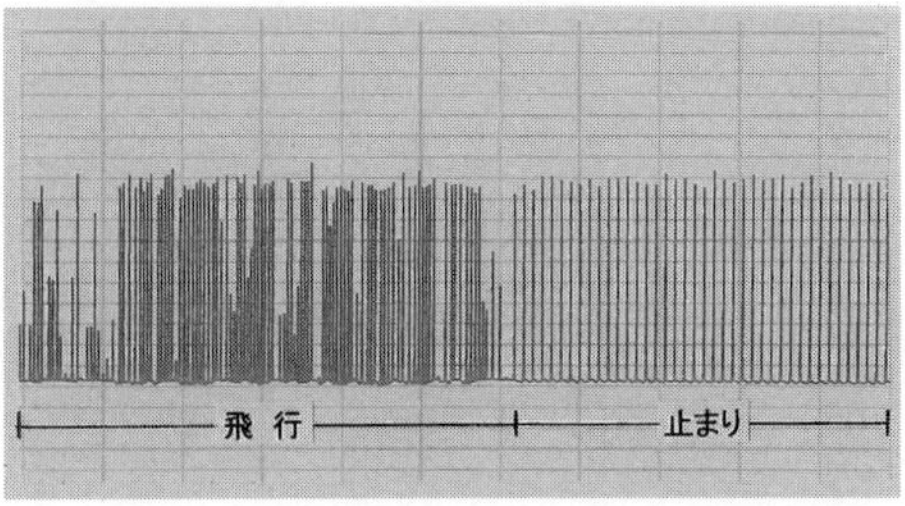

図69　飛行と止まりの違いがわかる電波の自動受信記録

図68　アクトグラム発信機の仕組み（Wildlife Radio Tagging 1987から引用）

に突っ込んだ場合、ハーネスの紐と身体とのに間に枝などがからまり、思わぬ事故を起こす危険性がある。絶滅危惧種のクマタカにこのような危険性のある方法は使用できない。尾羽装着法で、尾羽が換羽で脱落するまでの全期間にわたって発信を続ける、軽くて長寿命の電波発信機をいかに作成するか、それが大きな課題となった。

そこで、考えたのが電波発信機の電波を発信する間隔を長くすることであった。電波発信機の重量のほとんどは電池の重量である。電池は電波を発信する度に容量を減らしていく。それなら、電波の発信間隔を長くして発信回数を減らせば、電池の消耗は少なくてすむ。欧米の電波発信機は1秒に1回または1秒に2回というように発信間隔が短い。これを2秒に1回にすれば電池の寿命は2～4倍になる。しかし、いくらでも発信間隔を長くしてもよいというものではない。

実は、この尾羽に装着する電波発信機にはアクトグラムという特殊な機能が仕組んである。発信間隔の異なる2個の回路が組み込んであり、姿勢が変わると、発信間隔が変化することにより、飛行しているのか、それとも止まっているのかがわかるようになっている（図68）。この飛行と止まりの発信間隔の違いは1対2にしている（図69）。飛行の場合は1秒に1回、止まりの場合は2秒に1回にするとその違いはすぐに区別できる。しかし、これを3秒に1回と6秒に1回にすると時々、その変化がわからなくなることがあった。試行錯誤の末、野外で止まりと飛行の区別がはっきり認識できる発信間隔の最大値は4秒に1回と2秒に1回であることがわかった。

図70　ラジオトラッキング調査の様子

　では、クマタカの尾羽はどのくらいの期間で換羽するのか？　そのような知見を記した資料はなかった。そこで、京都市動物園にお願いして、飼育されている2羽のクマタカを用いて換羽を調査することになった。これには井上剛彦さんが考えた方法を用いた。2羽のクマタカのすべての風切羽と尾羽の羽軸《うじく》にごく小さな穴をあけ、そこから羽軸の中に長さと色の異なるテグスを挿入し、どの羽にどのテグスを挿入したかを記録しておく。飼育係の人には換羽で落下した羽を拾ってもらい、拾った日付を記入しておいてもらうという方法である。これにより、クマタカの主要な羽は約2年で換羽することが明らかになった。つまり、電波発信機の寿命は最低2年間あれば最大限の調査期間は確保できるということである。残された課題は、いかに正確に止まりと飛行の姿勢の変化を2個の回路の切り替えに反映させ

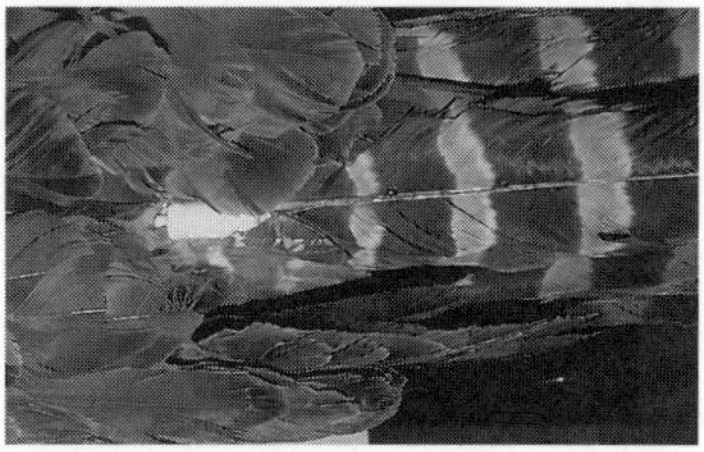
図71　クマタカの尾羽に装着した小型電波発信機

るかだった。ここで、また飼育しているクマタカのお世話になった。クマタカの身体が水平から何度傾けば、止まりから飛行状態になるのか、自宅で飼育しているクマタカの尾羽に試作の電波発信機を実際に装着して正確な角度を求めた。

１年間にわたる飼育下のクマタカを用いた翼帯マーカーと電波発信機の試験装着により、ようやく完成したクマタカ専用の翼帯マーカーと小型電波発信機。これを用いることにより、それまでの調査ではいくら時間をかけても明らかにすることのできなかった「森の精」クマタカの生態を明らかにする科学的な調査が始まったのである。

第7章　イヌワシの分布と生態

イヌワシの母子（兵藤崇之画）

1．日本における生息場所、生息数

イヌワシは、北海道から九州までの山岳地帯に留鳥として分布しているが、分布域は限られており、生息数はきわめて少ない（図72）。１９９７〜２００１年に実施された環境省などによる希少猛禽類調査報告によると、全国に生息するイヌワシは２６０ペア、個体数は６５０羽と推定されている（日本鳥類保護連盟２００４）。

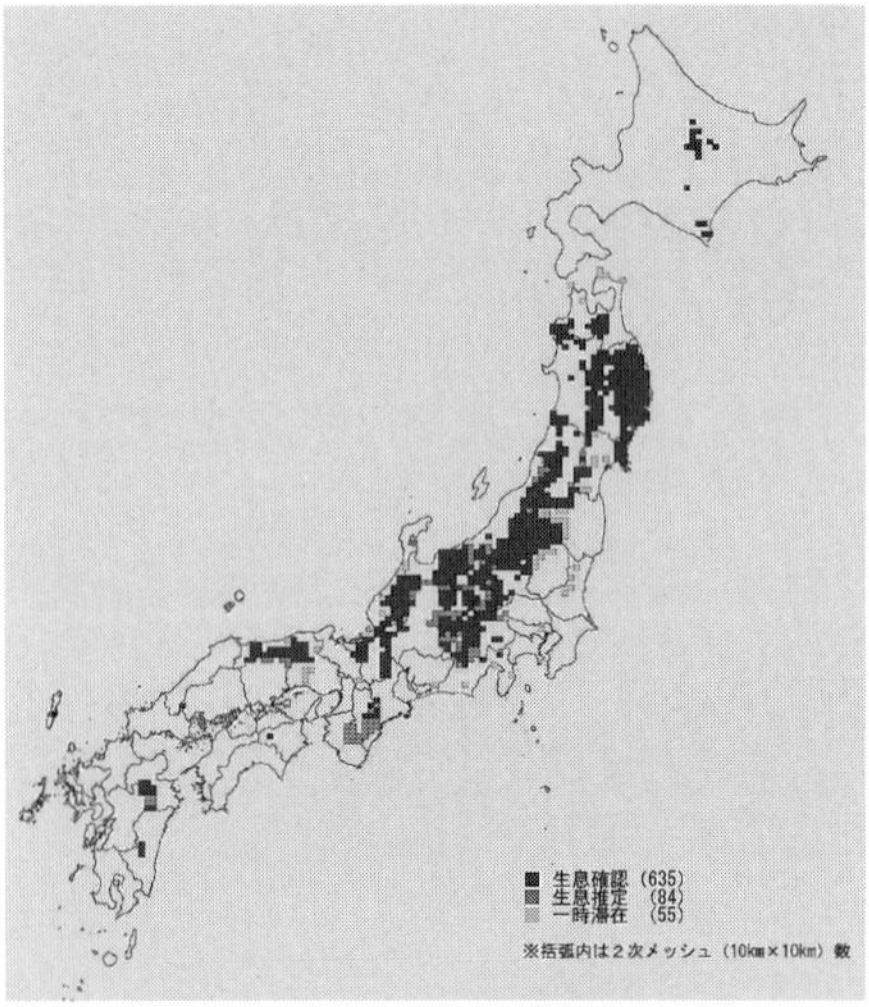

図72　国内におけるイヌワシの分布域
（環境省 2004年発表資料）

現在、イヌワシが安定して生息、繁殖している地域は本州中部山岳地帯、北陸の山岳地帯から東北地方にかけての範囲である。中部山岳地帯よりも西の地域では生息数は少なく、とくに四国・九州では２〜３カ所でしか確認されていない（日本イヌワシ研究会１９９７）。北海道は、１９９４年の日本イヌワシ研究会による合同調査により、繁殖ペアの存在が確認されたが、巣は見つかっておらず、どの程度のペアが生息しているのかもいまだに不明である。

図73　イヌワシのハンティングエリア

日本におけるイヌワシの生息場所は中小動物の豊富な夏緑（落葉）広葉樹林などの森林が広がり、かつハンティングが可能な自然裸地、自然草地、石灰岩地帯や多雪風衝地《ふうしょうち》（山頂や稜線付近など、強風で雪が吹き飛ばされて積雪のない場所で、大きな樹木が生育しない）に見られる低木群落などの比較的開けた環境が存在している山岳地帯である（山崎 1996）。つまり、中小動物を育む森林だけでなく、それらを捕食することのできる開放的な空間が形成され得る植生、地形の存在が重要なことがわかる。

したがって、日本のイヌワシが森林におおわれた山岳地帯に生息するとはいっても、どこにでも生息しているわけではないのだ。紀伊半島や四国のようにスギの人工林が大きな比率を占めている地域や、九州南部のように常緑広葉樹林が広範囲に広がっている地域には、イヌワシはほとんど生息していない。イヌワシは森林内を飛行することができないため、成長したスギ・ヒノキの人工林や常緑広葉樹の生い茂った森林地帯では、獲物となる生物が生息していたとしても、それをハンティングすることができず、生息できないのである。

イヌワシが安定して生息している地域に共通している森林は夏緑広葉樹林である。夏緑広葉樹林はスギ・ヒノキの人工林に比べて獲物となる中小動物が豊富であるだけでなく、落葉する冬季には獲物を発見しやすいことや、林縁部やギャップ（森林内の樹冠が開いたところ）などでのハンテ

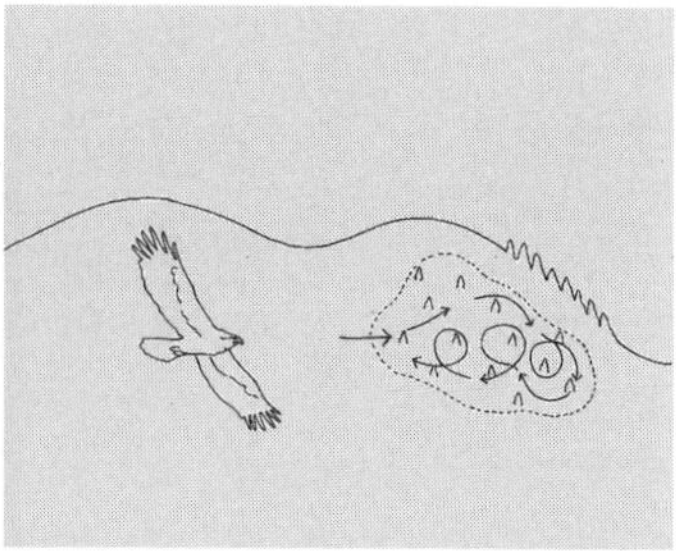
図74　イヌワシの探餌飛行（兵藤崇之画）

図75　晩秋の谷間を飛行するイヌワシ

ィング効率が高いことがイヌワシの生息にとって有利に働いているものと思われる。

しかし、夏緑広葉樹林でも、葉が展開する夏季にはイヌワシはハンティングを行なうことができない。この時期に、ハンティングを可能とする開放空間が安定的に存在している山岳地帯に日本のイヌワシは生息してきたのである。それが東北地方では、自然裸地、多雪地帯や風衝地の草原、低木群落などであり、日本海側などの豪雪に見舞われる山岳地帯では、雪崩《なだれ》跡の裸地・草地であり、中部山岳地帯では、急峻な地形によって形成される岩場・崩壊地、大きな樹木が生育しない高山帯などである。また石灰岩地帯は、ハンティングに適する低木・草原地帯を創出するだけでなく、営巣に適した急峻な崖も多く存在することから、イヌワシにとっては格好の生息地となっているところが多い。その他、日本のイヌワシの特徴のところで紹介したとおり、薪炭《しんたん》の生産、カヤ刈り、採草、木材の搬出など、人間活動によって人工的に創出される開放地もハンティング場所として利用されてきたのである。

つまり、日本に生息するニホンイヌワシは、生物生産性の高い森林という食物供給基盤を背景に、日本各地に散在する、さまざまなハンティング可能なわずかな空間を季節ごとに巧みに使い分けながら生き続けてきた森林国のイヌワシなのである。

2. ハンティングと食性

猛禽類が実際に獲物を捕らえる瞬間を目撃することはそう多くない。獲物を捕食した後はハンティングを行なわずに休息していることが多いし、ハンティング行動をしていても実際に獲物を捕獲できる確率はそう高くないからだ。それでは、どのようにすれば、獲物の種類（食性）を調べることができるのだろうか？

一番簡単な方法は繁殖している巣に持ち運ばれる獲物を直接観察することである。このためには巣が見える対岸などにブラインドと呼ばれる隠れ場所を造り、この中から望遠鏡で巣の中を観察する。イヌワシは比較的大きな獲物を持って帰ってくることが多いので、この方法で主要な獲物はほぼわかる。

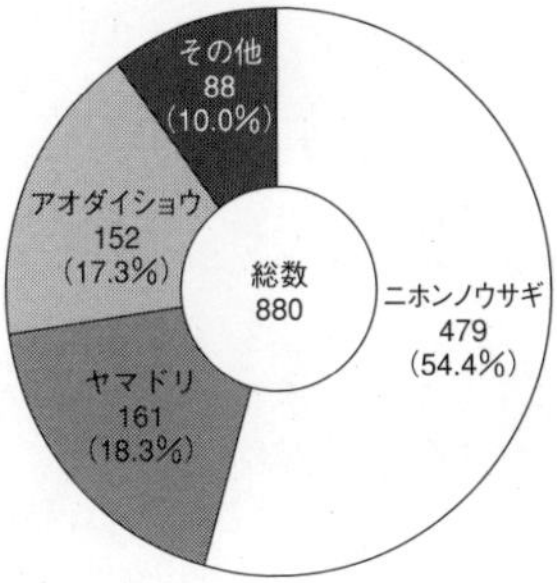

図76　日本のイヌワシの食性
（日本イヌワシ研究会調査）

日本のイヌワシの食性は、日本イヌワシ研究会の会員が全国各地で行なった調査により、ほぼ明らかにされている（図76）。その結果は、８８０例のうち４７９例がニホンノウサギ（54・4％）、１６１例がヤマドリ（18・3％）、１５２例がアオダイショ

図77　ノウサギを襲うイヌワシ（片山磯雄撮影）

図78　獲物を運ぶイヌワシ（兵藤崇之画）

ウ（17・3％）であり、これら3種で90％を占めていた（日本イヌワシ研究会1984）。

滋賀県でもニホンノウサギ、ヤマドリ、ヘビが圧倒的に多かった。ヘビは大きなアオダイショウが最も多く、その他、シマヘビ、マムシも捕食されていた。その他には、トビ、ホンドキツネ、ニホンアナグマ、ニホンイタチ、ニホンカモシカの幼獣、ニホンカモシカやニホンジカの脚が巣に運び込まれることもあった。

ヘビは4月中旬頃になると巣に運びこまれるようになる。鈴鹿山脈では、5月初旬になると夏緑広葉樹の葉が展開し、急速に山肌を緑色で覆いつくす。こうなるとイヌワシは林内にいる獲物を見つけることもできなくなる。ちょうどこの頃、ヘビが出現するのだ。ヘビは小動物の多い林縁部や伐採地にいることが多い。しかもヘビの動きはそれほど敏捷《びんしょう》ではない。日本のイヌワシにとって、ヘビは、ヤマドリやニホンノウサギを捕獲することが困難となる夏季に、発見しやすく、また捕獲しやすい、なくてはならない補完的な獲物なのである。しかも、ヘビの出現する4月中旬～5月初旬はイヌワシの雛が孵化した後、1カ月ほどたった頃である。この頃からイヌワシの雛は急激に成長し、多くの獲物を必要とする。雄と雌が1日に

図79　空中の一点に停飛するイヌワシ

図80　落葉した斜面で共同ハンティングを
行なうイヌワシのペア

5匹ものヘビを巣に持って帰ってくることもそう珍しいことではない。森林におおわれる日本の山岳地帯に生息するイヌワシにとって、ヘビは雛を育てるためにも不可欠な獲物となっているのだ。

ニホンジカやニホンカモシカの幼獣や体の一部が巣に運びこまれることもあるが、これらは衰弱した幼獣や死体を獲物としているものと思われる。イヌワシが子供連れのニホンカモシカに攻撃を仕掛けているのを目撃したことはがあるものの、実際に襲い掛かることはなかった。ニホンジカやニホンカモシカは、主に獲物の少なくなる積雪期にその死肉が食べられることが多い。イヌワシの生息している場所は急峻な崖地が多く、積雪期にはよく雪崩が発生する。そういうところでは、雪崩や豪雪で死亡したニホンジカやニホンカモシカの死体にイヌワシが飛来して肉を食べているのを見かけることも珍しくない。

それでは、滋賀県ではどのような場所でイヌワシはハンティングを行なっているのだろうか？　鈴鹿山脈のイヌワシのハンティング場所を調査した結果が図81（次ページ）である。年間を通してみると、カルスト地形や伐採地のような開放地が約70％を占め、約30％が夏緑広葉樹林であった。季節別には、夏緑広葉樹林は6月～10月の葉

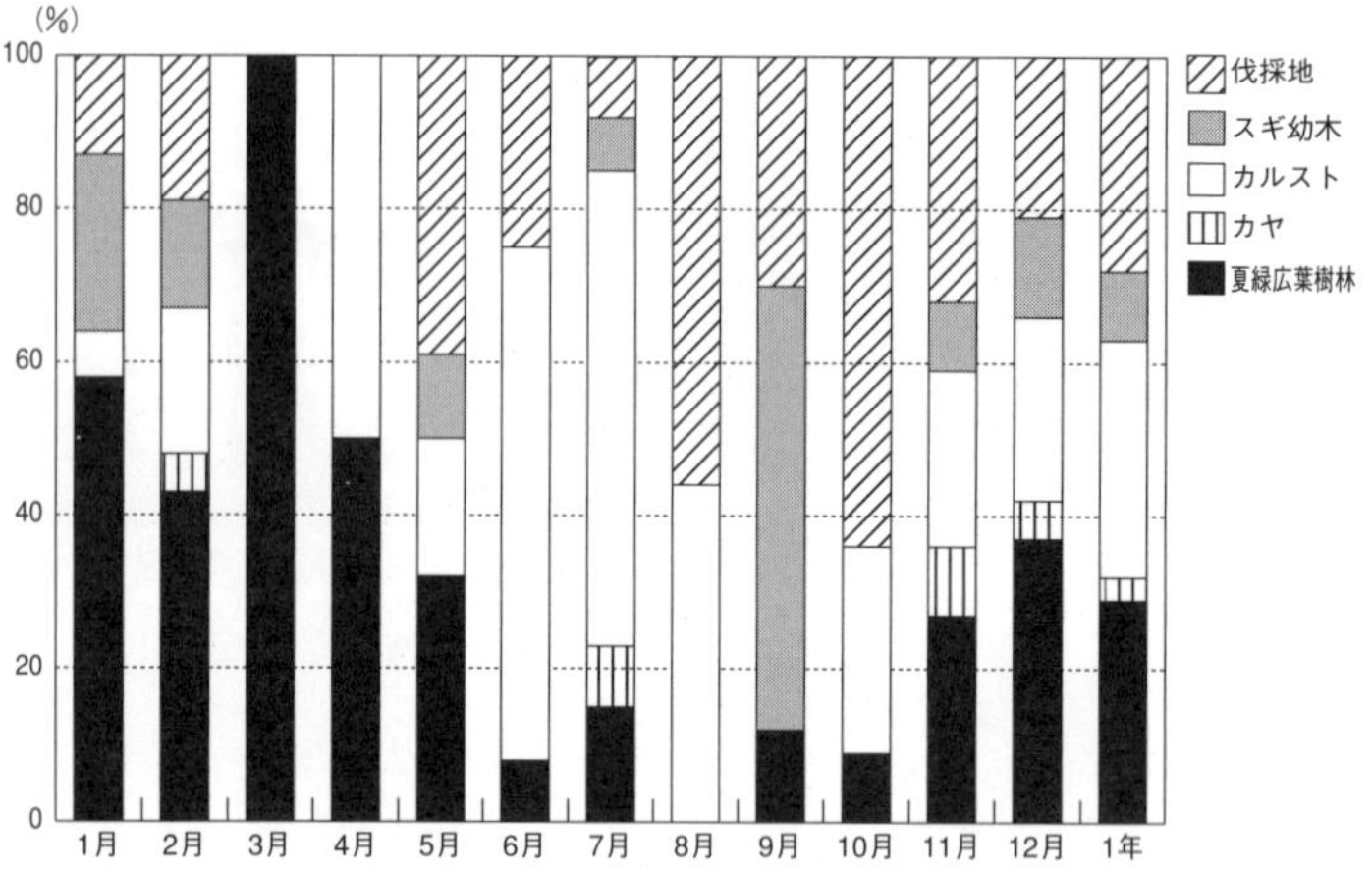

図81　イヌワシのハンティング場所（鈴鹿山脈）

が茂っている時期にはわずか8・8%しか利用されていない一方、11月〜5月の落葉期には49・6%とかなり頻繁に利用されていることがわかった。

夏緑広葉樹林には中小動物が多く生息しているものの、葉が繁茂すると林の外からは林内にいる獲物が見えないだけでなく、林内に入ることもできないため、ハンティング場所としては適さなくなってしまう。ところが、晩秋になって葉が落ちると、林床部を動く獲物を発見することができるようになる。さらに、獲物を見つければ、わずかな林の空間から獲物を襲ったり、イヌワシならではの雄と雌の2羽による共同ハンティングにより、開けた場所に獲物を追い出して捕らえたりすることも可能なのだ。これに対して、スギ・ヒノキの常緑針葉樹林には中小動物の生息数が少ないだけでなく、一年中、葉が茂っているため、冬でも獲物を発見することができない。さらにイヌワシは林内に入ることができないため、スギ・ヒノキの生育した人工林はハンティング場所とはならない。

滋賀県でイヌワシが生息できる理由は、イヌワシの獲物となる生物が豊富で、冬季の主要なハンティング場所となる夏緑広葉樹林が琵琶湖の源流域に広がっていることだけではない。夏緑広葉樹林ではハンティングができなくなる夏季に、ハンティングを行なうことが可能な雪崩や崩落によって樹木が生えない急斜面、風が強く大きな樹木が生育しない尾根部、石灰岩地帯のために低灌木しか生育しない場所などが、「びわ湖の森」には存在しているからである。

このように、日本のイヌワシは森林におおわれた山岳地帯でさまざまな工夫をしながら、どうにか獲物を確保していることがよくわかっていただけたと思う。そのような工夫は、ハンティング場所や獲物に恵まれない分布域の南限に生息するイヌワシに共通した課題であり、その地域に特有の獲物を捕食していることが多い。

イスラエルでイヌワシの研究をしているヨッシィ・レッシム教授によると、イスラエルのイヌワシは陸ガメをよく捕食しているという。カメを足でつかんで、上空に持ち上げ、空中で放す。地上に打ちつけられて、甲羅が破損したカメの肉を食べるというのだ。同じように、カザフスタンではトカゲを多食しているらしい。日本のイヌワシが夏にヘビを多食することも、分布域の南限に生息するイヌワシの特徴ではあるが、日本のイヌワシはさらに特異なハンティングを行なうことがある。それは、空中をハンティング場所として活用する、「風の精」の本領が遺憾なく発揮される空中での「トビ狩り」である。

１９８１年3月28日、その雄は抱卵中の雌の食物を確保しなければならず、獲物を捕獲するのに必死だった。11：24、それまで巣の近くに止まっていた雄は突然、飛び立つや否や旋回を始め、ぐんぐんと高度を上げていった。高度を上げるにつれ、少しずつ谷の上流部に移動していく。その先の尾根を双眼鏡で見てみると、1羽のトビがゆっくりと尾根上を旋回していた。そのトビよりもはるかに高空まで上昇したイヌワシの雄は、さっと翼をたたんだ。やじりのような形になった途端、トビの方向に向かって斜め急降下を開始した。トビはまだ気がついていなかった。ミサイルのようなイヌワシの黒い固まりはあっという間にトビの背に達し、その瞬間、トビの羽毛がパッと空中に飛び散った。イヌワシは重力と揚力のバランスをとるように、足にトビをつかみながら斜めに降下し、11：32に近くの林内に入った。それから約30分後、雄は足にトビの肉塊を持って巣の方向に飛来し、巣の上部のアカマツに止まった。直ちに巣から雌が飛び出し、このアカマツにやってきた。雄が代わりに巣に入り、抱卵を行なっている間、雌はトビの羽を無心にむしり始め、白い羽毛がカゲロウの中にゆらゆらと舞い上がっていった。その上空をトビ2羽が旋回していたのが、とても印象的だった。

3．行動圏と1日の行動

動物が行動する範囲を「行動圏」と呼ぶ。「なわばり」または「テリトリー」と呼ばれる範囲は、「行動圏」のうち、他の個体が入ってくるのを排除して防衛する排他的な範囲のことである。

大型の猛禽であるイヌワシやクマタカの行動圏はどれくらい広いのだろうか？

１年間の行動圏（1年間に行動したすべての場所を含む範囲）はイヌワシとクマタカとではかなり異なることがわかった。イヌワシはその卓越した飛翔能力により、いくつかの点在するハンティング場所を包括する範囲を行動圏としているため、とても広い行動圏を持っていた。日本イヌワシ研究会の調査（１９８７）によると、全国のイヌワシの行動圏は、21・0～１１８・８㎢であり、地域による差も大きかった。秋田県駒ケ岳山麓に生息する１ペアのイヌワシでは、非繁殖期の行動圏は何と２３７㎢もの広大な面積であった（日本自然保護協会１９９４）。

イヌワシやクマタカは、１日をどのように過ごしているのだろうか?

猛禽類は勇壮に飛翔している印象が強いため、日中のかなりな時間を飛行して生活していると思っている人が多いのではないだろうか?ところが、実際は、猛禽類は１日のほとんどを止まったままで過ごしていることが多いのだ。たとえば、アメリカの国鳥であるハクトウワシの成鳥は１日（昼間）のうち、93・2％は止まっており、積極的に飛行したり、ハンティングのために飛行したりするのはわずかに3・4％に過ぎないという報告がある。猛禽類といえども、飛翔するにはかなりのエネルギーを消費するため、できる限り、これを抑えているのだ。野生動物は無駄な動きはしないものなのである。

これまでの調査の結果、イヌワシもクマタカも１日の多くを止まって過ごしていることが明らかになった。したがって、止まっている姿を発見できなければ、イヌワシやクマタカを目撃できるチャンスはきわめて少なくなるということであり、このこともイヌワシやクマタカを見ることが難しい原因の一つとなっている。

ただし、イヌワシとクマタカでは1日の行動の仕方は大きく異なっていた。イヌワシはクマタカに比べてより多くの時間、飛行し、1日の行動圏も広かったが、クマタカは止まっていることが多く、ほとんど移動しない日もあった。

その理由は、これまで説明してきたイヌワシの生態からおわかりいただけるものと思う。イヌワシにとってハンティング可能なオープンエリアは、とくに日本の山岳地帯ではあちこちに点在し、しかも季節ごとに利用できる場所が異なる。このため、イヌワシは点在するハンティング場所を求めて、次々と移動することが多い。またハンティングそのものも飛行しながら獲物を探すことも多い。したがって、当然のことながら、イヌワシの1日の行動圏はクマタカよりもはるかに広いし、飛行する時間も長くなるのである。

イヌワシの1日の行動圏や飛行率はどの程度なのか？　季節による変化はあるのかどうか？森林に覆われた山岳地帯に生息する日本のイヌワシと、草原や灌木の広がる海外のイヌワシとでは、どの程度の差があるのだろうか？　イヌワシの生活を紐解くようなとても興味深い事柄ではあるが、残念ながらこの答えは未だ出ていない。クマタカに関しては、次の章で説明するとおり電波発信機を用いた追跡調査で明らかになったが、イヌワシについては、まだこのような手法を用いた体系だった調査は実施されていないからである。

日本の森林山岳地帯に生き続けてきたニホンイヌワシの生活スタイル、行動圏と季節ごとのハンティング場所をより正確に把握することは、ニホンイヌワシの保護にとって不可欠な情報である。このため、私たちはイヌワシについてもラジオトラッキングなどの最新の調査手法を用いたプロジェクトを本年（２００８年）から開始する予定である。

4．一年の生活

季節によって生息場所を大きく移動する鳥を「渡り鳥」と呼び、一年中同じ場所に生息している鳥を「留鳥」と呼ぶ。ツバメやカッコウは夏に日本にやってくる「渡り鳥」であり、ハクチョウや多くのカモは冬に日本にやってくる「渡り鳥」の「夏鳥」「冬鳥」である。第4章でも述べたとおり、猛禽類にも「渡り鳥」と「留鳥」があり、日本で代表的な「夏鳥」はサシバとハチクマである。サシバは主に、昆虫や両生類・爬虫類を捕食しており、ハチクマは主にハチを捕食している。これらの獲物は、冬には日本では採食が不可能となるため、南の温暖な地域に移動せざるを得ないのである。一方、イヌワシとクマタカは周年、同じ場所に生息する「留鳥」である。つまり、日本で繁殖しているイヌワシとクマタカのペアは一年中、その生息場所で獲物が確保できるのである。

猛禽類は普通、繁殖期を除けば単独で生活しているが、イヌワシは共同でハンティングを行なうことがあるため、ペア行動は一年を通じて観察される。しかし、繁殖活動を行なうためのペア行動は秋から開始される。11月、山肌が紅葉に染まり始める頃、真っ青な秋空をバックにダイナミックな波状飛行と呼ばれる、ペア間の求愛飛行が繰り広げられるようになる。澄み切った冷気の塊に、楔《くさび》を打ち込むかのようにイヌワシがまっさかさまに急降下する。次の瞬間、今度は重力から解き放たれたかのように、天空に向かって突き上がる。これを何度も繰り返す。まさに超能力を持っているとしか思えない見事な飛翔である。

この波状飛行と呼ばれる誇示《こじ》飛行（ディスプレイ飛行）は多くの猛禽類が行なうが、イヌワシの波状飛行ほどダイナミックで、完成された美しさを感じさせるものはない。イヌワシの波状飛行や落差の大きな急降下を見るたびに、世界中の人々がイヌワシの勇壮さに畏敬の念を抱き、日本では超能力を持つ「天狗」をイメージしたのは当然だと思ってしまう。

誇示飛行は求愛行動の時だけでなく、自分の行動圏の内部に侵入してきたイヌワシに対して威嚇したり、追い出したりする時にも行なわれる。しかし、求愛の時の誇示飛行は急降下と急上昇を繰り返す単純な波状飛行だけでなく、8の字を描くような複雑な求愛飛行になることもある。

求愛の誇示飛行が活発に行なわれ、ペアで行動することが多くなると、巣材の運搬も始まる。イヌワシの巣は切り立った岩崖に造られる。適当な岩崖のない場所では、大きな樹木に営巣することもあるが、ほとんどの場合は断崖の岩棚に造られる。巣材の運

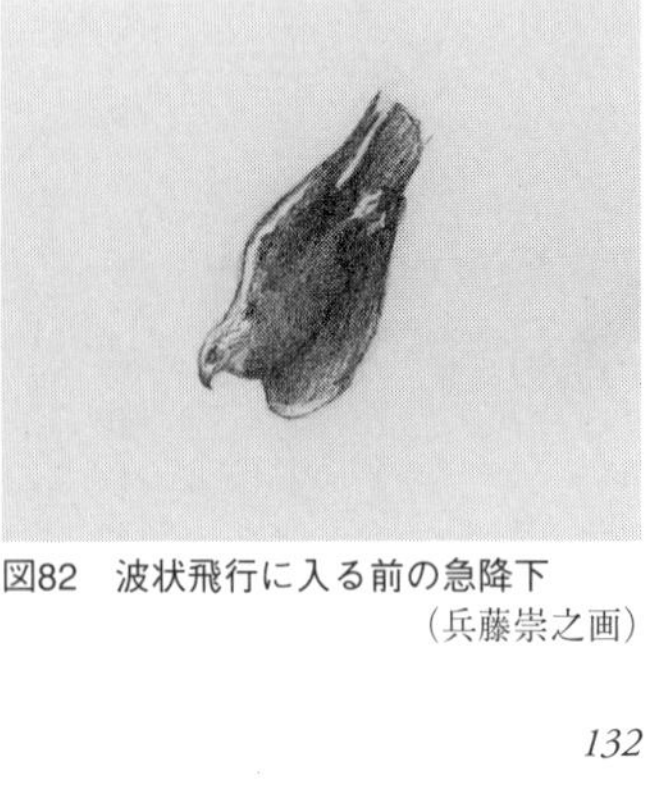

図82　波状飛行に入る前の急降下（兵藤崇之画）

図83　イヌワシの波状飛行（兵藤崇之画）

搬は、巣造りだけの目的だけではなく、求愛行動の一環としても行なわれることがある。したがって、最初の頃は複数の巣に巣材を運び込んだり、巣にはふさわしくないような場所に巣材を運びこんだりすることもある。

1月に入ると巣材運搬は活発になり、本格的な巣造りが始まる。最初は大きな木の枝を運ぶが、次第にマツなどの青葉を運び、最後はカヤなどの枯れた草を運び込む。しかし、ちょうどこの頃は雪がよく降る時期である。せっかく巣材を積み上げたのに、一晩でその上に雪が積もってしまうことも珍しくない。こんな時もイヌワシは巣材を次々と運び込むため、時には雪と巣材がサンドイッチ状態に積まれていくこともある。

産卵は、2月初めから中旬頃の厳寒期に行なわれることが多い。産卵が近づいてきた雌は巣の周囲に滞在することが多くなる。1983年に「谷の巣」で、幸運にも産卵直前の様子を観察することができた。

1983年2月12日、雌はほとんど完成した巣に胸を押し付け、産座（巣の中央部のくぼみのことで、その中に卵が産み落とされ、親鳥はそこで卵を温める）を造っていた。2月23日、雌は座る方向をいろいろと変えて、どの方向を向いて抱卵しても大丈夫なように、しきりに巣材を動かしては整理していた。その後、尾羽を上に上げ、排糞するような姿勢を5～6回行なった。次には、くちばしを大きく開け、頭を上下に振り、「りきむ」ようなしぐさをした。そして、次の観察日、2月25日には雌が抱卵しているのを確認。やはり、23日のお尻をあげるような姿勢や「りきむ」ような行動は、産卵直前の行動だったに違いない。

抱卵は主に雌が行なう。雄は、巣の近くに運んできた獲物を雌が巣の外に出て食べている間、抱卵を交替する。つまり、抱卵期の獲物の確保はすべて雄に任されているため、雌が落ち着いて抱卵を継続できるかどうかは、すべて雄のハンティング能力にかかっているのだ。

イヌワシの抱卵期間は約42~45日。イヌワシは通常、2個の卵を産む。2番目の卵は1番目の卵の産卵後、3~5日目に産卵される。2月23日頃に1番目の卵が産卵されたと思われた巣では、4月9日に2番目の雛が孵化した。2番目の雛は孵化すると、すぐに1番目に孵化した雛からの攻撃を受けた。いわゆる「兄弟間闘争（sibling aggression）」である。1週間後の4月16日に巣を観察した時には、すでに雛は1羽のみ。2番目に孵化した雛は死亡した後だった。鈴鹿山脈で私たちが巣立ちを確認した巣では、巣立った雛はすべて1羽のみだった。

雛が孵化して間もない頃は、雛の体温調整能力も充分ではなく、また気温も低いことから、雌が雛を温める。孵化して3週間ほどすると、雌も巣から離れることが多くなり、雛の食欲が増加するに従い、雌もハンティングに出かけるようになる。雛は孵化後、

図84　2番目の雛が死亡し、1羽になったイヌワシの雛

図85　親が獲物を持ち帰るのを待つイヌワシの雛

1カ月ほどすると風切羽の先端に黒い羽毛がポツポツと出てくる。そして、7週齢頃には雛の食欲は最も旺盛になる。この頃になると、親鳥はアオダイショウのような大きなヘビをよく持ってくるようになる。食性のところでも述べたように、木々が芽吹き、林内で行動するノウサギやヤマドリを見つけるのが困難になる頃に出現し、育ち盛りの雛にとってなくてはならない獲物となるのがヘビなのである。

巣立ち日齢は個体差やその年の気象条件などによって幅があるが、滋賀県では孵化後70～80日にあたる6月上旬～中旬が多い。巣立ち後はクマタカのように巣に戻ることはほとんどなく、巣のある谷の樹上や岩場で過ごし、親鳥が持って帰ってくる獲物を受け取る。イヌワシの幼鳥はさすがに「風の精」の申し子である。巣立ち直後は、なかなか上昇気流をうまくとらえることができず、バランスを崩すこともあるが、飛行を重ねる度に飛翔能力を向上させ、1カ月もすると悠々と営巣谷の上空を舞うようになる。

図86　黒い羽毛が生えそろってきたイヌワシの雛

しかし、この頃の幼鳥はいくら悠々と飛行できるようになったとは言え、まだ獲物を捕捉するほどの飛翔能力は有していない。親鳥が獲物を持って幼鳥のいる谷に戻ってくると、幼鳥はピョッピョッまたはチョチョと聞こえる、甘えるような声を発しながら、親鳥の後を追うように飛行する。親鳥は幼鳥のいるところに直接獲物を運ばずに、幼鳥が獲物を持った親鳥を追って飛行するようにしむけていることもある。また、親鳥が足につかんで持ち帰ってきたヘビを幼鳥が空中で受けとるというようなこともあった。このように、イヌワシのハンティング技術は、生まれつき備わっている能力だけではなさそうだ。鳥取のイヌワシの幼鳥の興味深い行動のところで述べたとおり、枯れ枝を空中で落として、それを急降下して捕らえるという遊びや、親鳥からの獲物の受け渡しを通じて、飛翔技術を巧みに活かした高度なハンティング技術を習得していくように思われる。

巣立ち後2カ月。8月にもなると幼鳥の飛翔能力は、通常の飛行では親鳥並みに上達し、営巣谷から離れた親鳥のハンティング場所へも飛行していくようになる。ハンティング技術の実践実習のようなものだ。イヌワシのハンティングのところで紹介したとおり、イヌワシは共同でハンティングを行なうことも多い。このハンティング方法を成功させるには、相棒との「あうん」の呼吸の連係プレイが不可欠であり、きわめて高度な飛行技術が要求される。その技術の習得シーンが、映画「イヌワシ風の砦」のハンティングのところに出てくる、親子3羽の共同ハンティングである。

秋が深まるにつれ、幼鳥は単独でハンティングすることが多くなり、行動圏も徐々に広がっていく。そして親鳥が営巣場所付近に執着する1月頃には完全に独立した生活を送るようになっている。時には3月頃にも営巣場所付近に出現することもあるが、ほとんどの場合、この頃には親鳥の行動圏を離れて遠くへ分散していくことが多い。日本では、イヌワシが毎年繁殖することはきわめて少ない。つまり、幼鳥が巣立った翌年には、その親鳥は繁殖しないことが多いが、それでも幼鳥は冬には分散していく。

実はアラスカで繁殖するイヌワシは「夏鳥」である。４月頃、アメリカ中南部の越冬地から渡ってきたイヌワシは繁殖した後、９月中旬頃から親鳥もその年巣立った幼鳥も越冬地へと渡っていく。つまり、渡りが始まる時には、幼鳥は完全に独立しているのである。したがって、日本のイヌワシの幼鳥も基本的に、秋には親鳥から独立して生活できるようになっているのである。

第8章　クマタカの分布と生態

松に止まって下を見ているクマタカ
（兵藤崇之画）

1．日本における生息場所、生息数

クマタカは九州から北海道までの山岳森林地帯に留鳥として、ほぼ均一に広く分布しており、生息数はイヌワシよりもはるかに多い（図87）。１９９７～２００１年に実施された環境省などによる希少猛禽類調査報告によると、全国に生息するクマタカは１０００ペアと推定されている（日本鳥類保護連盟２００４）。

図87　国内におけるクマタカの分布域
（環境省 2004年発表資料）

イヌワシと異なり、分布域はそれほど限定されておらず、九州から北海道まで、一定の広がりを持つ山岳地帯が存在していれば、どこにでも生息している。北海道の山岳地帯は夏緑広葉樹や針葉樹の森林におおわれており、東北地方から中部地方も夏緑広葉樹林が多い。しかし、近畿地方の森林は夏緑広葉樹、常緑広葉樹、スギ・ヒノキの常緑針葉樹が混在している。南方の九州の山岳地帯は、スギ・ヒノキの常緑針葉樹と常緑広葉樹におおわれ、一年中、葉が繁茂している。つまり、クマタカは、イヌワシが生息できない、一年中、葉が展開する樹木におおわれている山岳地帯でも、それが成熟した森林であれば生息できるのである。

2. ハンティングと食性

イヌワシと違って、クマタカの食性はブラインドからの観察だけでは、そう簡単にはわからない。なぜなら、クマタカは獲物の種類が多いだけでなく、小鳥やヒミズのような、ごく小さな動物も捕食しているため、望遠鏡で観察しても獲物の特徴がよく見えないことも多いのだ。さらに、小鳥は羽をむしって巣に持ち帰ってくるため、種名を特定できないことも多い。

このため、クマタカの獲物を調べるのには、ブラインドからの巣の直接観察だけでなく、雛が巣立った後に、巣の中に残っていたり、巣の下に落下したりしている獲物の残骸（骨・羽毛など）やペレット（食べた獲物の不消化物を長円形の塊にして吐き出したもの）を採取して獲物の種類を同定した。

この結果、クマタカはイヌワシと同様にニホンノウサギ、ヤマドリ、ヘビを多く捕食するものの、これ以外にも、哺乳類ではテン、ニホンイタチ、ムササビ、ニホンリス、ニホンアナグマ、タヌキ、ニホンジカ、ニホンカモシカ、ニホンザル、ヒミズ、鳥類ではハシブトガラス、カケス、アオバト、キジバト、ドバト、オシドリ、アオゲラ、コサギ、ミゾゴイ、アオバズク、ツグミ、トラツグミ、イカル、爬虫類ではニホントカゲ、アオダイショウなどのヘビ類など、実にさまざまな中小動物を捕食していることがわかった。

ニホンジカやニホンカモシカは、幼獣の骨の一部が巣で見つかることがあり、時には衰弱したり死亡したりした幼獣を獲物にしていることがわかった。また、イヌワシと同じように、冬には成獣の死体を食べているのを見かけることもある。ニホンザルは成獣の身体の一部がミイラ化したものが巣に残っているのが1回確認されたものであり、たまたま衰弱していたか、または死亡していたものを巣に持ち帰ったのではないかと思われた。この他に、猟師が雪の上に捨てたイノシシの内臓を食べているところを見かけたこともある。つまり、大きな哺乳類は死体や弱った幼獣が時には獲物となるものの、通常は森林内や林縁部に生息している、さまざまな中小動物を捕食しているのだ。

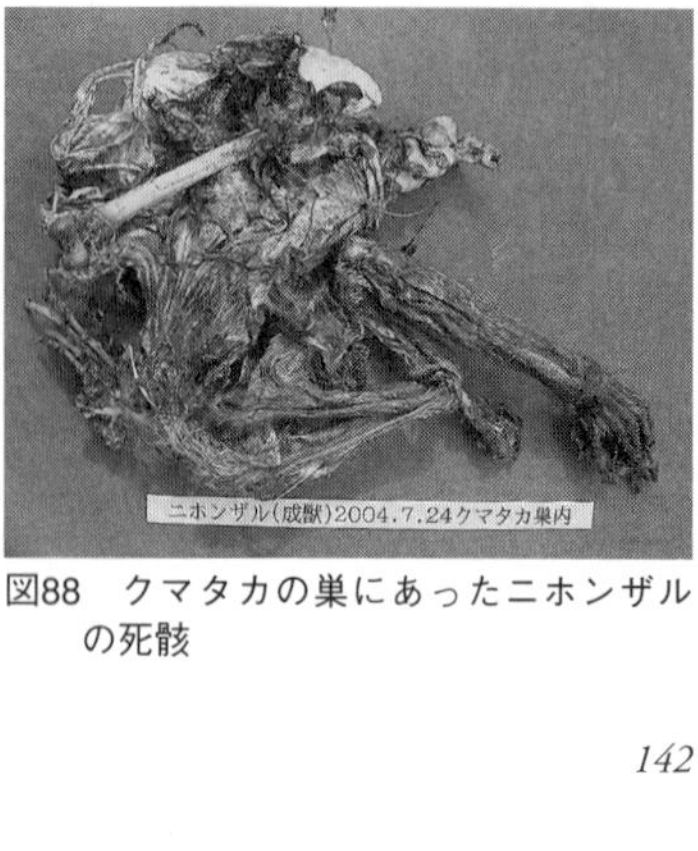

図88　クマタカの巣にあったニホンザルの死骸

また、クマタカの食性は地域差が大きいということも特徴である。近隣の福井県と奈良県で調べられた食性調査の結果を見ると、福井県ではキジが最も多く、次いでニホンノウサギ、カラスであった。奈良県ではニホンノウサギが最も多く、次いでヤマドリ、ハト類であったが、ニホンザルや飼ネコ、ニワトリも報告されていた。つまり、クマタカは種類を問わず、生息地周辺に比較的生息数が多く、かつ捕獲しやすい中小動物を捕食しているため、地域によって獲物のメニューが異なるのである。

したがって、クマタカの獲物を調べることで、逆にその周辺の森にどのような動物が生息して

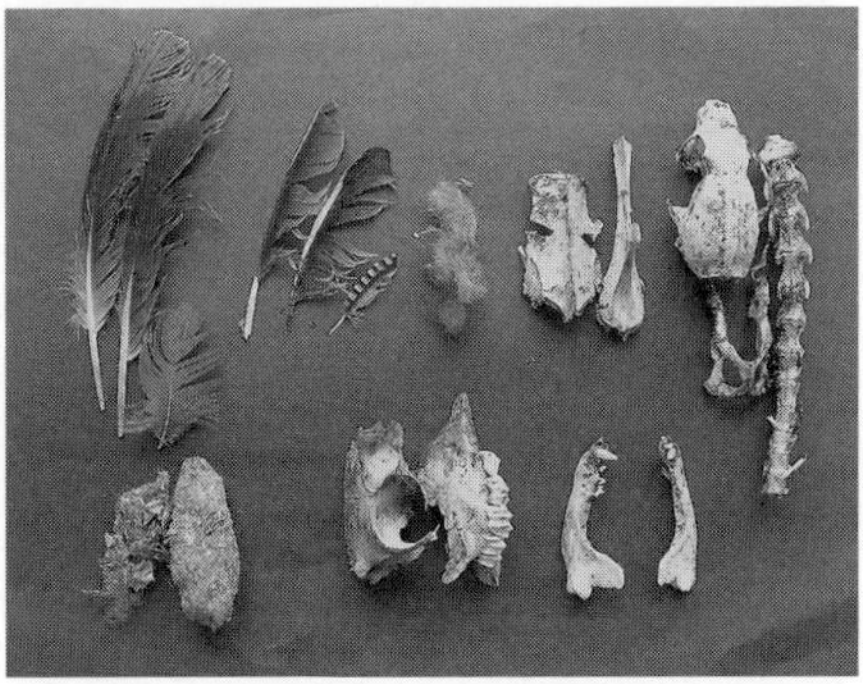
図89　クマタカの巣にあった獲物の残骸とペレット

いるのかを知ることができることもある。とくに夜行性で、なかなか観察することのできない動物はなおさらである。ムササビ、アオバズク、ミゾゴイなどはその良い例である。ミゾゴイは山間部の谷間に生息するサギで、主に夜間に活動するため、その姿はなかなか見ることができない。このため、分布はほとんどわかっておらず、生息数もきわめて少ないと思われていた。ところが、私たちが鈴鹿山脈で調べた13ペアの巣のうち、2ペアの巣から複数羽のミゾゴイの羽が見つかった。両方とも営巣木は大きな樹木の茂る、深い沢筋の近くにあった。クマタカの獲物を調べることで、実際にこの地域でミゾゴイが生息していることが確認されたのだ。

クマタカのハンティング方法はイヌワシと異なり、森林内や林縁部の枝に止まり、獲物が出現するのを辛抱強く待っていたり、森林内を少しずつ移動しながら獲物を探したりすることが多い。クマタカが木の枝に止まっているのを観察していると、ほとんど動くこともなく、長時間、そのままの姿勢でいることも多いため、それほど敏捷に飛行するようには思えない。ところが、クマタカはイヌワシに匹敵するほど大きな猛禽であるにもかかわらず、森林内では水を得た魚のように、目を見張るほどすばらしい飛行を見せてくれる。ある時、クマタカがニホンリスをハンティングするのを目撃した時のことである。

林の中にぽっかり開いたギャップの中に1本の少し大きなモミの木が立っていた。そこに隣の木から地上に駆け下りたニホンリスが地上を小走りに走って来て、そのモミの幹を上に向かって登り始めた。その時のことだった。突然、1羽のクマタカがモミに向かって飛来し、両翼を上下に90度反転して垂直飛行の姿勢になったかと思うと、モミの木の直前で両脚を突然、モミに向かって突き出した。その瞬間、クマタカの足爪はニホンリスを掴み捕り、クマタカはモミの木のすぐ横脇をすり抜けるように林内に入っていった。クマタカが林内で、複雑に入り組んだ狭い空間を巧みに翔け抜け、獲物を急襲することができる瞬間を垣間見た瞬間だった。

このように、日本のイヌワシとクマタカは、タイプの異なる飛翔能力やハンティング技術を可能な限り駆使して、山岳森林帯に生息する中小動物を捕獲しているため、獲物をめぐって競合することなく、共存することができているのだ。

3. 行動圏と1日の行動

クマタカの行動圏は、全国的に概ね10～25㎢の範囲に収まっており（日本鳥類保護連盟　２００４）、イヌワシに比べてかなり狭いだけでなく、地域差もほとんどない。これは、クマタカが森林内で獲物をハンティングできることと関係している。獲物が豊富で、林内に入り込めるだけの空間のある森林であれば、クマタカは林内に入って獲物を捕らえることができる。つまり、クマタカは森林全体を均一に利用することができるため、山岳森林地帯に最大限のペアが生息できるように、行動圏どうしが隙間なく、連続して分布することが可能なのだ。

クマタカの行動圏はイヌワシに比べてかなり狭いものの、すぐに林内に入ってしまうため、いくら調査人数を増やしても、なかなかイヌワシのようには追跡できないことは前に述べたとおりである。しかし、どの範囲を行動し、どのような環境で獲物を捕っているのかを明らかにしなければ、クマタカの保護対策を構築することはできない。このため、姿が見えなくても位置を推定できるラジオトラッキング法を用いて、クマタカの１日を追跡するプロジェクトを１９９１年から開始した。

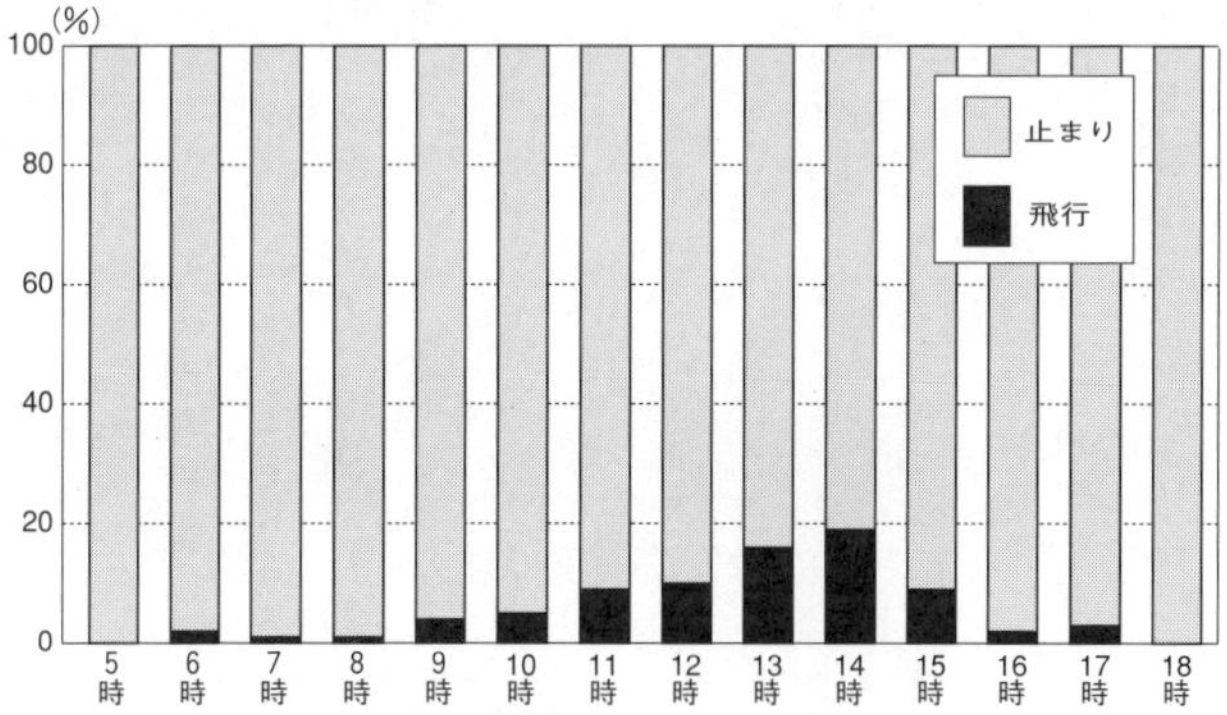

図90　クマタカの時間帯別飛行率（成鳥雌 9103個体）

図90はアクトグラム機能のついた電波発信機を初めて装着した成鳥雌（９１０３個体）の非繁殖期の１日（昼間）の止まりと飛行の１時間ごとの比率を示したものである。これを見ると、止まっていることがいかに多いかがよくわかる。５〜19時の間で飛行していた時間はわずかに６・１％であり、ハクトウワシと同じような結果だった。しかもよく飛行している時間帯は、気温が上がり、上昇気流が発生する昼前後であり、16時台になるとほとんど飛行しなくなる。17時に少し飛行が増えているが、そのほとんどは、ねぐら

とする林内に入る時のわずかな飛行である。

もっと驚くような結果は、クマタカの１日の行動圏だった。クマタカの１年間の行動圏はイヌワシに比べてかなり狭いことは先に述べたとおりである。とはいっても、約20㎢にもおよぶ広い面積である。ところが、驚いたのは１日の行動圏があまりにも狭いこと、つまりクマタカは、１日では、ごくわずかな範囲でしか活動していないということであった。

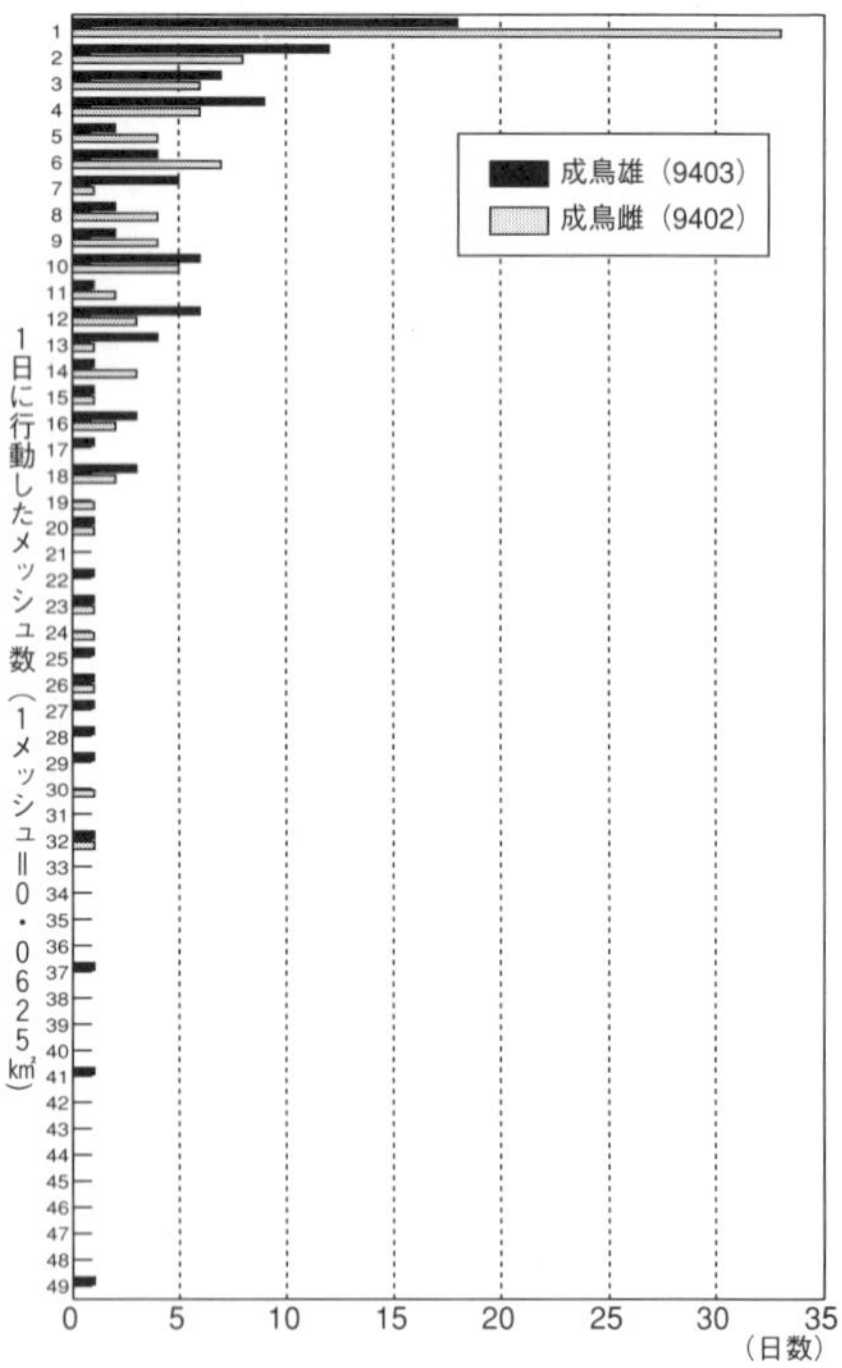

図91　クマタカの１日の行動圏

図91はクマタカ１ペアの雄と雌の非繁殖期の１日の行動圏の広さの割合を示したものである。１日の行動圏は２５０ｍメッシュ（２５０ｍ×２５０ｍ）つまり０・０６２５㎢の数で表している。最も多かったのが１個、わずか２５０ｍメッシュの中から出ない日であった。このメッシュ１個から出ない日の割合は、雄が18％、雌が33％もあった。つまり、雄は５日に１日、雌は３日に１日、ほとんど動かない日があるということである。広い範囲を行動する日数は、広くなればなるほど

少なくなり、メッシュ数が20個つまり1・25㎢以内までの割合は雄が89%、雌が95%であり、これよりも広く行動する日はきわめて少ないことがわかった。クマタカは、大きな翼を持ち、自由自在に空を飛び回っているように思われるが、通常の日々はごくわずかな範囲でしか活動していないことがわかったのだ。これは、クマタカがハンティングを行なう場合、よく獲物が捕れる、お気に入りの場所であまり動かずにひたすら獲物が現れるのを待っていることや獲物を食べた後はエネルギー消耗を防ぐため、止まったままじっとしていることが多いことを裏づけるものだった。

4. 一年の生活

イヌワシと同様、クマタカも一年中、同じ場所に生息する「留鳥」ではあるが、一年の生活や繁殖生態はイヌワシと異なる点が多い。

まず、クマタカはイヌワシと異なり、ペアであっても繁殖期以外は単独行動をしている。クマタカの主なハンティング方法は、林縁部や林内で枝に止まって、獲物が出現するのを待ったり、林内で点々と狭い範囲を移動して獲物を探したりするタイプなので、ペアであっても単独で、別々にお気に入りの場所でハンティングを行なった方が、獲物を捕獲する確率が高くなるからだ。

クマタカもイヌワシと同様に、山々の紅葉が深まり始める頃になると、ペア行動が観察されるようになる。しかし、イヌワシほどはっきりと繁殖活動が始まったという感じを受けることは少ない。クマタカはイヌワシと異なり、繁殖期になったからと言って、定期的に繁殖行動を行なうことは少ない。基本的に、単独でハンティングを行なっているので、ペアの繁殖行動が行なわれる日はまちまちだ。昨日は頻繁に繁殖行動が見られたので、今日も見られるだろうと期待して行くと、まったく見られなかったということはよくあることだ。本当にファジーでつかみどころがないというのがクマタカの行動である。

それでも12月下旬頃になると繁殖行動が観察される日は多くなる。クマタカの特徴的なディスプレイは「舟底型飛行」と呼ばれるタイプの飛行である。これは、興奮してきたクマタカが一杯に広げた両翼を上方に持ち上げ、細長くたたんだ尾羽も上に上げる飛行型で、胴体の下部が船の底のような形に見えるものである。いったん、興奮したクマタカはこの飛行型で尾根上や高空を行ったり来たりして、かなり長く、飛行を続けることがある。また、イヌワシほどダイナミックではないが、クマタカも波状飛行を行なう。さらに、2個体が接近して、並んで飛行したり、重なり合って飛行したりすることがある。時には、上から接近した個体が脚を突き出して、下の個体に接触しようとすることもある。接触されそうになった下の個体が反転して、上の個体に向かって両脚を突き返し、足指が触れ合ったり、絡ませたりすることもある。アメリカの国鳥であるハクトウワシはお互いに足指をからませたまま、空中で回転しながらどんどん降下することがあるが、クマタカはそれほど派手なからまり合いをすることはほとんどない。

図92　紅葉したクマタカの生息場所

クマタカは飛翔ディスプレイの他に、樹頂に止まり、胸を張り出して白く目立つように見せる

図94　クマタカ雌の樹頂での誇示止まり（兵藤崇之画）

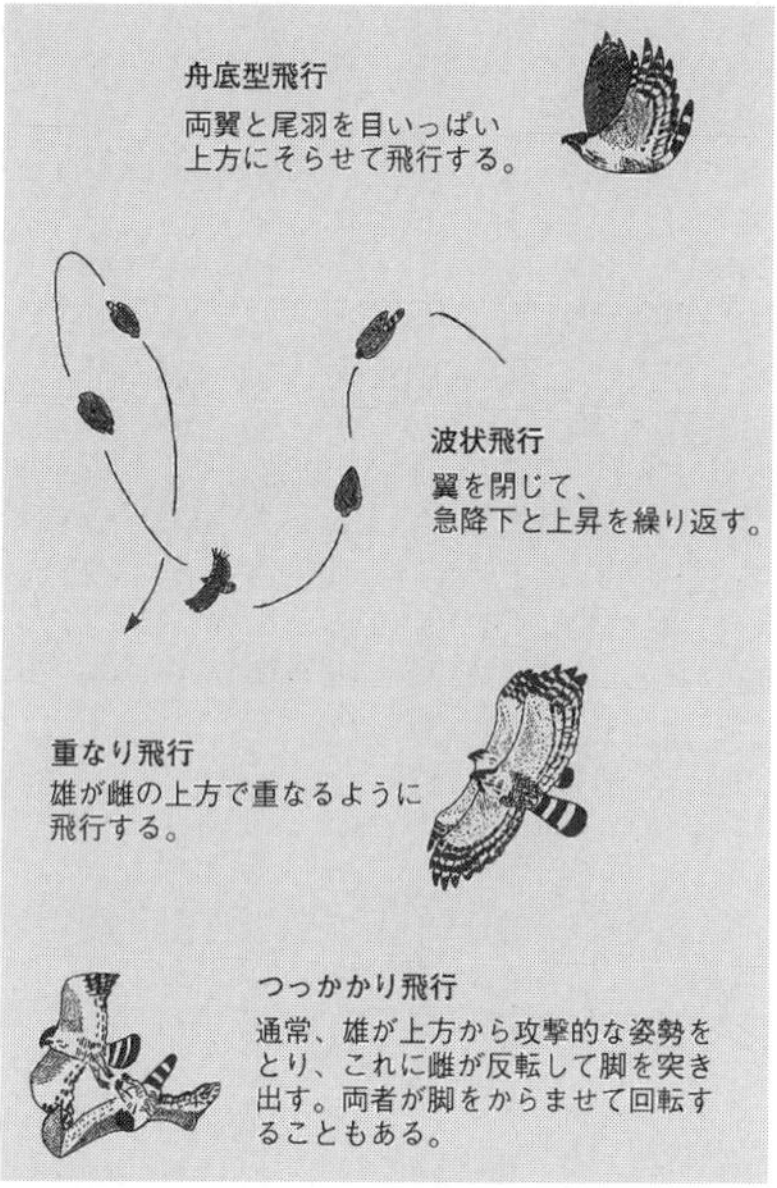
舟底型飛行
両翼と尾羽を目いっぱい上方にそらせて飛行する。
波状飛行
翼を閉じて、急降下と上昇を繰り返す。
重なり飛行
雄が雌の上方で重なるように飛行する。
つっかかり飛行
通常、雄が上方から攻撃的な姿勢をとり、これに雌が反転して脚を突き出す。両者が脚をからませて回転することもある。

図93　クマタカのディスプレイ
（『クマタカ・その保護管理の考え方』より）

ディスプレイを行なう。これは雌が営巣木付近を見渡せる場所で行なうもので、「誇示止まり（EP：Exhibition Perch）」と呼ばれ、２時間余りも同じ場所に止まっていることも珍しくない。

　巣造りもイヌワシのようには目立たない。これはクマタカの巣が森の中の樹木に架けられることと、クマタカの行動が気まぐれなことに関係している。森林内で行動するため、姿を見ることは少ないものの、巣造りの時期になると、巣の周辺で雄と雌が鳴き交わす声をよく聞くようになる。ピフィ、ピフィ、ピフィ、ピフィ…とかポフィ、ポフィ、ポフィ、ポフィとかのように聞きなされる、よく通る鳴き声が森林内に響き渡る。こういう時は、巣材運搬をしていることが多い。

　クマタカはイヌワシよりも頻繁に鳴き、鳴き声のパターンも多くの種類がある。クマタカは森林内で生活する猛禽類であり、お互いの姿が見えないことが多く、ペア間や幼鳥とのコミュニケーションをとるために鳴き声が発達したのではないかと思われる。したがって、私たちもクマタカの姿が見えなくても、鳴き声でその存在を知ることができる場合もある。しかし、時々、カケスがこのクマタカの鳴き声をまねるので要注意だ。カケスの鳴きまねは、本当に超一級である。何度もだまされたことがある。ただ、カケスの場合は、鳴き声の最後にギャーという本来の自分の声を発することが多いので、聞き続けているとそのうちに化けの皮が剥がれてくる。しかし、カケスの鳴きまねが聞かれるということは、その付近またはそのカケスが行動する範囲で、クマタカが鳴き交わしていることがあるということなので、クマタカの繁殖場所があることを確認するきっかけになることもある。

クマタカの巣はアカマツ、モミ、スギなどのように、比較的太い横枝が水平に張り出し、巣をかけやすい針葉樹が多いが、そのような樹木のないところでは広葉樹に造られることもある。しかし、いずれにしても大きな樹木である。鈴鹿山脈では営巣木の胸高直径（樹木に向き合った時の胸の高さのところの樹木の直径）の平均は67㎝であり、多くが60㎝以上であった。一番大きな営巣木は、樹高では35・6ｍのモミ、胸高直径では１１３㎝（その部位の周囲は３５６㎝になる）のスギであった。いずれも１０００年以上もの歴史のある神社の裏山にある林に存在する。社寺林であるがゆえに伐採されずに残った巨木が、クマタカにとって格好の営巣木になっているのだ。

クマタカの巣造りの〝工程〟はイヌワシのようにきちんとは決まっていないことが多い。少しずつ巣材を運びこんで巣を完成させていくこともあれば、産卵直前になってドタバタと、にわか造りで仕上げてしまうこともある。イヌワシと同じように、巣が完成してくると青葉のついた枝を運び込むようになる。鈴鹿山脈では、スギやヒノキのような針葉樹の青葉が多く運び込まれるが、周囲に広葉樹が多いところでは広葉樹の青葉も運び込まれる。しかし、イヌワシのようにカヤ・ススキのような草本は運び込まない。

クマタカの産卵時期は、３月中旬～下旬が多いが、近接しているペアであっても、ペアによってかなりの差があるのが特徴だ。鈴鹿山脈では、早いペアは2月中旬に産卵するが、遅いペアでは5月上旬ということもある。しかも、ペアごとに毎年同じ傾向が続くことが多い。自然環境条件はほとんど同じなのになぜ、こうも違うのか？　ペアの一方、または両方が替わった場合にどうなるのか、まだまだ確かめなければならないことはたくさんある。

図95　巨大なモミの木にかけられたクマタカの大きな巣。写真の左上の黒い塊（人と比べていかに大きいかがわかる）

抱卵期間はイヌワシとほぼ同じ42～48日ほどであるが、イヌワシと違って幅が大きいのがクマタカの特徴である。クマタカの場合はイヌワシほどペア間の抱卵交替がきちんとしていないことがあり、雌が巣を離れている間に雄が抱卵していないことも結構ある。そういうことの多いペアでは、１日あたりの抱卵時間が少なくなり、その結果、孵化までの抱卵日数が多くなるのだ。

図96　クマタカの卵

図97　約20日齢のクマタカの雛
（村手達佳撮影）

クマタカの産卵数は1個。これもイヌワシと大きく異なる点である。古い書物やマタギの話の中には、2個と報告されていることもあるが、私たちが観察してきた巣で2個のことはまったくなかったし、最近、全国各地で実施されているクマタカの環境影響評価調査（いわゆるアセスメント調査）においても、2個の例は確認されていない。さらに、私たちが1994年から調査支援に取り組んでいるインドネシアのジャワ島に生息する、同じクマタカ属の猛禽であるジャワクマタカでもすべて1個である。

雛の孵化も産卵日と同様に幅が大きいが、4月下旬～5月上旬のことが多い。イヌワシのところでも述べたように、鈴鹿山脈ではこの頃は芽吹きの季節で、気温が高くなり、鳥類は繁殖活動をさかんに行ない、爬虫類も出現してくる。森林に生息する中小動物を捕食するクマタカにとっては獲物の生息数が増え、獲物を最も捕食しやすい時期が始まる時でもある。

単独生活をしている時はそれほど早朝から活動しないクマタカの雄も、雌と雛に獲物を持ち帰らなければならないこの時期には、かなり早朝から獲物を捕らえるために活動しているようだ。いくら行動圏内のハンティング場所を熟知しているとは言え、自分以

図99　約60日齢のクマタカの雛
（村手達佳撮影）

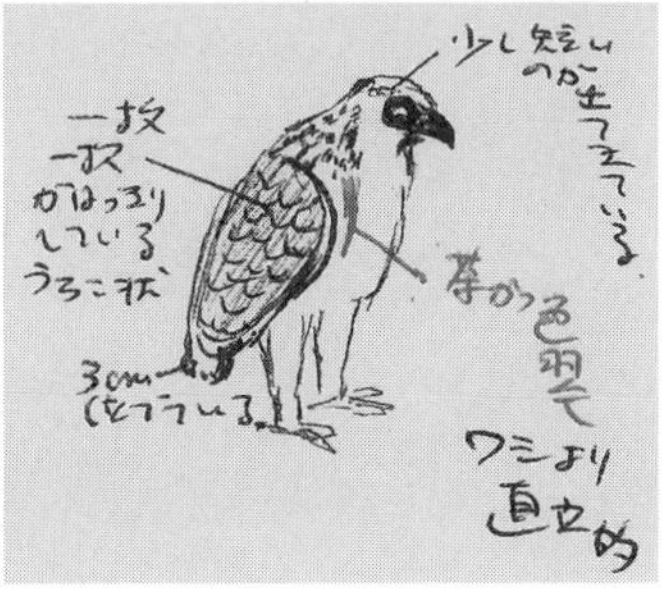

図98　43日齢のクマタカの雛（1983.6.11）

外に雌と雛の分の獲物を確保することは並大抵のことではないのだろう。

イヌワシの場合、雛を温めなくてもよい頃になると、雌も雄と同じようにハンティングに出かけるようになるが、クマタカの場合は主に雄が獲物を確保しているようだ。巣内だけを観察していると、雌も獲物を巣に持って帰ってくることが結構観察され、雌も雄と同じように獲物を捕ってくると思われていることが多い。

しかし、電波発信機を装着した調査結果では、雄が巣の近くに獲物を持って帰ると、雌がそれを巣の外で受け取り、巣に持ち帰ることが多かったため、実際は雄が獲物を捕ってきても雌が捕ってきたかのように勘違いされてしまっていることが多いようだ。

巣立ちの方法もイヌワシとは大きく異なる。イヌワシと同じように70日齢を過ぎると、羽もかなり伸び、巣立ちに向けて頻繁に羽ばたきを行なうようになるが、クマタカの雛は巣の上の枝に飛び移って枝の上で長時間止まっていたり、そこで羽ばたき練習を行なったりすることが多い。親鳥が巣に獲物を持ち帰ると、瞬時に枝から巣の上に戻り、両翼を覆いかぶせて獲物を奪い取る。イヌワシの雛は巣から飛び立つと再び巣に戻ることはないが、クマタカは巣から出ても親鳥が巣に獲物を持ってくるたびに巣に戻るのである。さらに、巣のある樹木から飛び立ってしまっても、親鳥が獲物を巣に運んでくると、すぐに巣に舞い戻るので、イヌワシのように明確に巣立ち日を特定することができないのだ。そこで、私たちは、便宜上、巣のある樹木を離れて初飛行した日を巣立ち日とすることにし、群像舎とともに作成した映画「クマタカ　森の精」の中でもその日を巣立ち日とした。その巣立ち日は個体差が大きいが、概ね80日齢で初飛行が可能となる。つまり、鈴鹿山脈では、クマタカの巣立ちは7月~8月初旬が多く、イヌワシの巣立ちよりも1~2カ月ほど遅い。

第9章　イヌワシとクマタカの不思議な行動

翼帯マーカーを装着したクマタカ幼鳥の飛行

1．イヌワシの雛の兄弟殺し

巣立つのはいつも1羽だけ

イヌワシの1腹卵数は通常2個（1〜3個）であり、2卵目は3〜5日後に産卵される。抱卵は1卵目の産卵直後から行なわれるため、2卵目が孵化するのは数日遅れることになる。1番目に孵化した雛は2番目に孵化した雛を執拗《しつよう》につつき回し、この結果、巣には充分な食物があるにもかかわらず2番目の雛は親から食物をほとんどもらえないまま、孵化後10日以内に衰弱死することが多い（山﨑 1996）。

食物をめぐっての争いではない、孵化後間もない時期に起きるこの激しい攻撃はイヌワシの兄弟殺しとして知られ、イヌワシ属のワシでは頻繁に確認されるものではあるが、海外では2羽の雛がともに巣立つ場合もかなり多い。アメリカでは、獲物が豊富な年には3個を産卵し、3羽とも巣立つことがあり、私もモンタナ州で実際に観察したことがある。ところが、日本のイヌワシの場合は、2羽巣立つことはきわめてまれである。日本イヌワシ研究会（1997）によると、1981年から1995年までの15年間に全国で雛の巣立ちが確認された281例のうち、2羽ともに巣立ったのはわずか3例であり、99％もの高率で2番目の雛が死亡している。

思いもかけない２番目の雛の運命

この不思議な行動を克明に観察するために、雛の孵化時から連続観察を行なうことにした。

最初は１９８２年、「風の巣」であった。この巣では、３月14日には抱卵を確認していた。初めてイヌワシの兄弟殺しの様子が観察できるかも知れない。３月21日、谷をはさんで何とか巣が見える尾根近くにテントを張って観察することにした。雌が立ち上がった時、巣の中に２羽の雛の姿が見えた。早速、大きな方の雛が小さい方の雛をつつき始めた。小さい方の雛の頭を連続的につついている。小さい方の雛はおそらく昨日か今日、孵化したばかりのようで頭がまだふらついている。それでも、雌は小さい方の雛にも給餌しているようだ。この時、観察していた沢田さんの野帳には、「この分だと２羽とも育ちそう!!」との期待に満ちたメモが記されていた。

しかし、翌日、私が観察した時には、雌が立ち上がって給餌を始めると、大きな雛がすぐに頭を持ち上げて食物をねだるので、雌は大きな雛ばかりに給餌をしていた。雌は一定時間、給餌を行なうと、

図101　イヌワシの２羽の雛（井上剛彦撮影）

図100　イヌワシの雛の兄弟殺し
（兵藤崇之画）

再び雛を温め始めるので、小さい方の雛は食物をもらえない。そして雌が巣から離れると、たちまち大きい方の雛が小さい方の雛をつつく。そんなことの繰り返しが続いていった。食物をもらえる大きい方の雛はますます元気になり、小さい方の雛との大きさの差も歴然としてきた。大きい方の雛の小さい方の雛への攻撃はますますエスカレートし、頭をつつくだけでなく、翼を噛んだり、羽毛をむしりとったりもするようになった。ついには、小さい方の雛の上に乗り、自分の胸の中で上から執拗につつきを繰り返すようになった。徐々に小さい方の雛は弱り、頭をあげることが少なくなった。3月25日、10：02に大きい方の雛が小さい方の雛をくわえて振り回すような仕草をした時にちらっと背中が見えた後は、小さい方の雛の姿はまったく見えなくなった。

そして、13：53、驚愕する出来事が起こった。雛を温めていた雌が立ち上がり、巣の中から何かをくわえて、巣の縁に進んだ。何と、その何かとは小さい方の雛だった。雌は特段変わった様子も見せず、小さい方の雛を巣の縁に置くと、足でこれを押さえつけた。するとくちばしで小さい方の雛の尻の羽毛をむしりとった後、その小さな脚をくわえて引きちぎり始め、2本の脚を食べてしまったのだ。雌は雛の小さな身体の約半分を食べると、今度は細かく肉を引きちぎり、大きい方の雛に与え始めた。14：09、小さい方の雛は頭だけが巣の縁に残った。14：10、何事もなかったかのように雌は、いつもどおりに大きい雛を胸の中にいれて抱き始めた。あまりにも衝撃的な

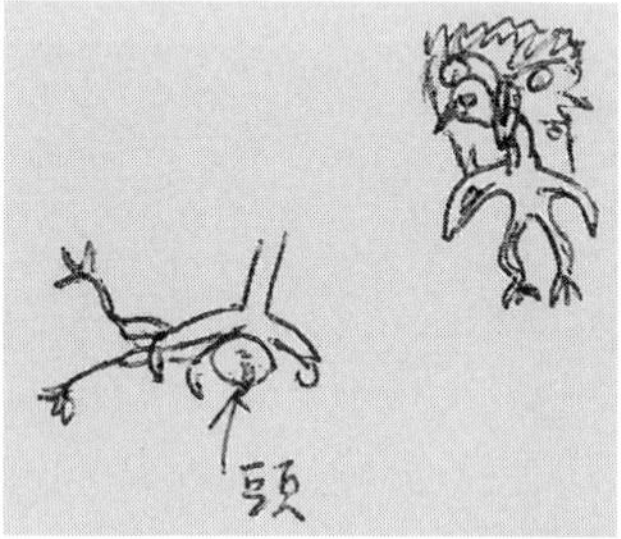

図102 「風の巣」で小さい方の雛を食べる雌親（1982.3.25、細井忠）

シーンであった。

こんなに激しい攻撃とショッキングな2番目の雛の結末は「風の巣」のペアだけのことなのか、それとも他のペアでも同じことなのか。翌１９８３年は「崖の巣」と「谷の巣」でイヌワシは産卵していた。

まず、産卵の早かった「崖の巣」で連続調査を開始した。３月28日、巣から３００ｍほども離れた林の中にテントを設営した。ここはイヌワシにはまったく気づかれないし、巣よりも高い位置なので、巣の中はすべて見える。しかし、あまりにも距離が遠く、かろうじて望遠鏡でイヌワシの様子がわかる程度である。このため、カメラの１０００㎜の望遠レンズに望遠鏡の接眼レンズを装着できるようにして、超高倍率で観察することにした。雌が立ち上がって巣の上でノウサギを捕食している時に、卵が2個あるのが見えた。まだ、雛は孵化していない。このまま連続して調査を行なえば、兄弟殺しの一部始終を観察することができるかも知れない。11日間、メンバーが交替でテントに入る連続調査体制をとった。３月31日、連続観察の初日だ。雛が1羽孵化しているのが観察された。そして、４月３日には2番目の雛が孵化しているの

図103　崖の巣（矢印の先）

が確認された。

2番目の卵は1番目の卵が産卵されてから3日目頃に産卵される。ぴったりそのとおりに雛は孵化した。2番目の雛が孵化すると、1番目の雛は早速、頭を2番目の雛の方へ持っていき、つつくような仕草を行なった。1番目の雛の大きさは2番目の雛の倍くらいもあるように見えた。体重は倍以上あるかも知れない。雌が自分で獲物を食べている間、1番目の雛は2番目の雛をしきりにつつくようになった。雌が1番目の雛に獲物を与えようとしても、すぐには受け取ろうとしない。2番目の雛をつつくのに夢中なようだ。4月5日、2番目の雛は弱って、しばしばダウンするようになった。4月7日には1番目の雛から執拗につつかれていた腰の辺りの傷が開いているのが確認された。そして、ついに4月9日には2番目の雛の姿は見えなくなった。翌10日以降もまったく姿は確認されなかったことから、2番目の雛は孵化後6日目の9日に死亡したものと思われた。

「谷の巣」では、4月8日にはすでに雛が1羽孵化していた。翌9日には2番目の雛も孵化した。4月16日には2番目の雛は伏せたままでほとんど見えない。そして4月17日には2番目の雛はまったく姿が見えなかった。2番目の雛は「谷の巣」でも孵化後約1週間目に死亡したのだ。

イヌワシの雛のあまりにも激しい兄弟殺しは、3ペアともに同じように起きていた。2番目の雛が孵化後1週間以内に死亡するということはほぼ確認できた。しかし、1982年に見た、2番目の雛が雌によって、1番目の雛の餌として与えられるというショッキングな行動は「風の巣」ペアだけのことなのだろうか？　どうしても他のペアで、死亡する2番目の雛がどうなるのかを確かめたかった。

そのチャンスは2年後の「崖の巣」でやってきた。

１９８５年3月10日、遠方から観察していたところ、雌が立ち上がった時に2個の卵が見えた。3月17日、１９８３年に観察したのと同じ場所にテントを張った。巣には肉塊があり、１番目の雛が孵化しかけていることをうかがわせた。翌18日から万全の体制で連続観察を行なうことにし、当時学生でイヌワシの観察に熱中していた真崎健君が、まずテントに入った。３月18日に観察を始めた時には1番目の雛は孵化していた。そして、３月20日には2番目の雛の孵化も確認された。２番目の雛が孵化すると、いつものとおり、１番目の雛は早速、２番目の雛を攻撃し始めた。雌が立ち上がったり、巣から離れたりすると、間髪をいれずに1番目の雛は2番目の雛を執拗につつき、

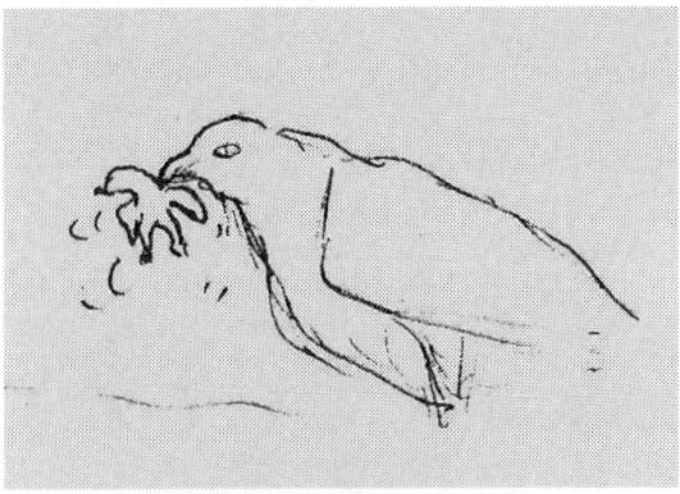

図104 「崖の巣」で雌親にくわえられる２番目の雛（1985.3.25）

２番目の雛は充分な食物をもらえないまま、どんどんと衰弱していった。３月25日５：40、雌は昨日18：34の観察終了時と同じ姿勢で雛を温めていた。６：57に雌は巣から出ていった。すると1番目の雛は2番目の雛の方へ行き、再び2番目の雛の背中や尻を背後からつついていた。７：13に雌が足に大量のカヤを持って巣に戻ってきた。カヤを巣の縁に置くと、弱りきってほとんど動かない２番目の雛をくちばしでつついた後、頭から後頚部をつかんで持ち上げた。ぶらさげられた雛は弱弱しく動いていた。まだ生きていたのだ。雌は２番目の雛をつまみ上げては、巣のあちこちに置いた。そして、

最後に巣の中にいる1番目の雛の横に置き、雛を温め始めた。何とか2番目の雛が巣の縁に逃れようとしても、1番目の雛は2番目の雛を追いかけては巣の中央に引きずり戻した。そして10：40、雌は立ち上がると2番目の雛をくわえて巣の縁に置いた。2番目の雛はくわえられると弱々しいものの、もがき動いていた。雌は2番目の雛をあちこちに置いた後、ついに足で押さえつけ、雛の体を引きちぎり始めた。そして明らかに1番目の雛に給餌を行なうのが確認された。10：53、雌は給餌を終えると何事もなかったかのように1番目の雛を温め始めた。巣の右手前の縁には、半分ほどになった2番目の雛の残骸が残っていた。

　イヌワシの雛の兄弟殺しは想像以上に厳しいものであった。そして、少なくとも滋賀県においては2個の卵が産卵され、2羽の雛が無事に孵化しても、この容赦ない兄弟殺しによって2番目に孵化する雛は1番目に孵化する雛から一方的に攻撃を加えられ、親からは充分に食物をもらえないまま、概ね孵化後1週間以内に衰弱死するか、または、もはや生きる可能性がなくなった時点で、雌により、食物として処理されてしまうことが明らかになった。

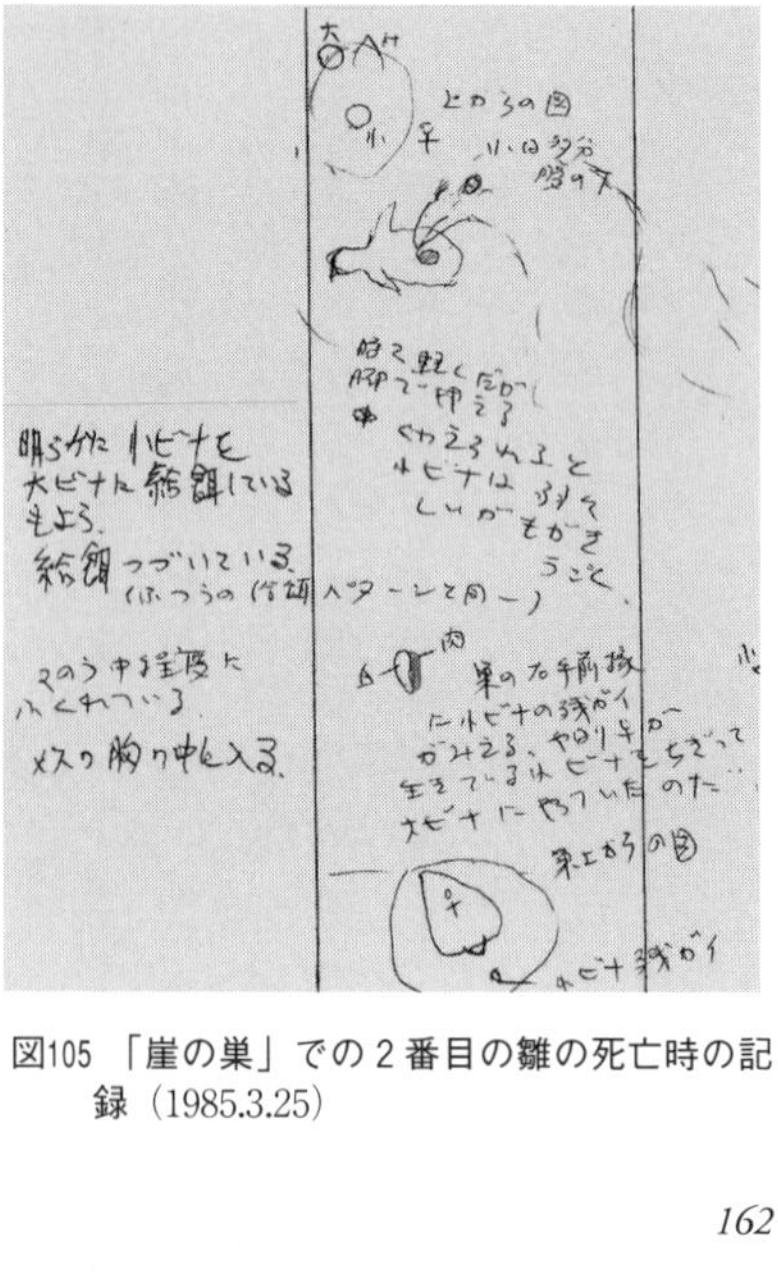

図105 「崖の巣」での２番目の雛の死亡時の記録（1985.3.25）

兄弟殺しはイヌワシの生き残り戦略

滋賀県では100%、全国でも99%もの高率で2番目の雛が死亡するということは、子孫を生産する効率から言えば、卵を1個しか産卵しないのと同じことである。大きさが近いクマタカは1個しか産卵しない。なぜ、日本のイヌワシは2個を産卵し、兄弟殺しによって雛が小さいうちに1羽を淘汰しているのだろうか？

自然草地の広がる地域では草本の生育が気象変動に大きく左右され、それに伴って獲物となる草食動物の個体数が大きく変動する。このため、このような地域に生息するイヌワシは、雛がほとんど巣立たない年がある一方、獲物が豊富な年には2羽、時には3羽が巣立つこともあるのである。これに対し、日本のイヌワシの生息環境である夏緑広葉樹林では、獲物となる動物の生息数の年変動がそれほど大きくなく、1羽なら確実に養育できる獲物の生産量レベルが安定的に保たれてきているのではないかと思われる。さらに、夏緑広葉樹林では春から秋にかけては展開した葉によってハンティング場所はかなり制限され、一度に多くの獲物を捕獲することは困難であるに違いない。

もし、兄弟殺しによって2番目に孵化した雛が孵化後早い時期に死亡せず、2羽の雛がともに生育した場合には、雛が大きくなって食物の要求量が増大した時点で食物の不足を来たし、2羽の雛がとも倒れになってしまう危険性が高くなる。そうすれば、1羽の雛も巣立たないことになり、子孫が残せないことになってしまうのではないか。もともとイヌワシ属のワシは獲物の多少にかかわらず、雛が小さいうちに1番目に孵化した雛が2番目に孵化した雛をつつくという習性を持っているが、日本のイヌワシはほとんどのペアにおいて、孵化後きわめて早い段階に2番目の雛を殺してしまうという独特の習性を持っているのが特徴だ。これは、孵化後早い段階で2番目の雛を殺してしまう習性の遺伝子を持っていたペアにおいて、確実に1羽の雛が巣立つということが長い長い歴史の間に繰り返され、そのような遺伝子を持ったイヌワシの個体群が選抜されてきたのではないかと、私は推察している。この日本のイヌワシが宿命として有している、きわめて厳しく切ない兄弟殺しの習性の裏には、日本のイヌワシと日本の森林との深いかかわりの歴史が隠されているのではないかと思われ、とても興味深いことだ。

2. なかなか独り立ちしないクマタカの幼鳥

親元を離れようとしない幼鳥

イヌワシの幼鳥は、巣立ち後1カ月ほどすると飛翔能力が上達し、8月頃には親ワシといっしょにハンティング場所に飛行することも多くなる。そして、晩秋から初冬にかけて親の行動圏を去る。イヌワシの幼鳥は、巣立ち後、早い時期にハンティング能力を習得し、秋には親から独立するのである。

図106　クマタカの幼鳥

ところが、クマタカの幼鳥はなかなか親元を離れていかない。1983年に繁殖行動を追跡調査したクマタカの幼鳥は、7月31日には巣のあるアカマツの上の方の枝に止まっているのが確認されたが、8月1日にはこのアカマツにはいなかった。つまり、この幼鳥は7月31日までは巣のある木から離れることはなかったので、巣のある木から初めて離れた8月1日に巣立ちしたことになる。

その後、この幼鳥は徐々に飛翔能力を獲得してきたものの、イヌワシのように遠くにハンティングに行くということはなく、ほとんど巣の周囲に滞在していた。そして何と、翌年の3月18日に信じられないことが起きた。雄は巣の近くでヤマドリを捕殺したが、巣の周囲に滞在していた幼鳥がその場に飛来し、雄は幼鳥にそのヤマドリを渡したのだ。

クマタカに関する本の中では、幼鳥は秋には親鳥から追い出されると書かれてあることが多かった。私たちの観察したこの幼鳥だけが異常なのだろうか？　それともクマタカの幼鳥は、この幼鳥のように巣立ち後も長く、巣の周囲に留まっていることが普通なのだろうか？

翼帯マーカーによる幼鳥の追跡調査

その疑問を解決するための特別な調査を1987年から開始した。巣立ち後の幼鳥の行動圏を正確に把握するには、幼鳥を正確に個体識別しなければならない。クマタカはイヌワシと異なり、連続して繁殖ペアが生息しているので、幼鳥を個体識別していなければ、もし幼鳥が両親の繁殖場所から離れて行った時にどこの幼鳥かわからなくなるからだ。

ここで、アメリカで猛禽類の個体識別用に使用され、私たちが飼育下のクマタカを用いてクマタカ用に改良した翼帯マーカーが威力を発揮することになった。翼帯マーカーは左右の翼に装着することができるので、色の組み合わせにより、何年生まれのどこの幼鳥かがわかるようにした。

１９８７年は4カ所で繁殖している巣を見つけることができた。しかし、雛に翼帯マーカーを装着するのは、そんなに簡単なことではない。まず、一番難しいのは時期である。雛が充分に成長していないと、翼帯マーカーがゆるゆるの状態でずれていってしまい、思いがけない事故を起こしかねない。かといって、あまり遅いと、巣に登った時に巣立ってしまう可能性がある。クマタカの雛は約80日で巣立ちする。アメリカのイヌワシでは巣立ち日齢の約80%の時点で装着していた。となると、約60～65

図107　クマタカ幼鳥マーキングのプロジェクトメンバー

日齢が適当な時期となる。クマタカはペアによって産卵時期がかなり異なることがあるため、この時期を推定するには、雛が孵化した日を正確に把握しなければならない。しかし、これはかなり困難な作業である。クマタカの巣は巨大な樹木の上の方に造られていることが多いので、なかなか巣の中を見ることはできない。巣と同じくらいの高さまで近くの斜面を登り、木の間越に巣が見える地点を探して、望遠鏡で確認するしかない。

巣立ち前の幼鳥に翼帯マーカーを装着することが難しい、もう一つの理由は巣が高所にある点だ。クマタカの巣は地上から10m以上の高いところに架けられていることがほとんどで、20m以上ということも珍しくない。その巣まで、できる限り短時間で登り、すばやく雛を捕捉しなければならない。このため、私たちは営巣木と同じような大きなモミの木で木登り訓練や捕捉した雛の昇降作業のシミュレーション訓練を何度も繰り返した。

図108　地上27mの高さにあるクマタカの巣でのマーキング
(巣は写真の一番上よりも、まだ高い所にある)

1987年6月28日、初めての翼帯マーカー装着の日。翼帯マーカーの色は、左がその年を示す赤色、右はその場所を示す赤色だった。万が一、雛が巣から飛び出した場合に備えて、メンバーを巣の周囲のあらゆる方向に配置し、その当時、最も木登り技術に長《た》けていた藤田雅彦君が営巣木のモミを登り始めた。巣まであと少しというところで、雛は突然立ち上がり、巣の縁に進んだ。そして次の瞬間、巣から飛び出してしまった。しかし、まだ羽が充分に成長していなかったため、隣のモミの枝に飛び移ったかと思うと翼をばたつかせて少し落下し、下枝にぶら下がった。メンバーがその木を取り囲む中、藤田君は営巣木から降りてそのモミに登り始め、ジッとしてぶら下がっている幼鳥にゆっくりと近づくと、さっと脚をつかみ、捕獲した。

その後も万全の体制でマーキングに臨み、1羽の事故もなく、無事4個体に翼帯マーカーを装着することができた。この年の4羽の個体番号は8701~8704だった。

図109　翼帯マーカーで個体識別ができるクマタカの幼鳥（井上剛彦撮影）

クマタカは一人っ子戦略

翼帯マーカーは予想以上によく目立った。かなり遠方からでも、望遠鏡ではっきりとその色が識別できた。毎月、4個体を追跡していくことにより、思いもかけないことが明らかになっていった。

8703はマーキングの時に虚弱で、体重も少なかった。この個体は9月になっても営巣木からほとんど離れず、ついに11月29日に死亡を確認した。死因は衰弱によるものと思われた。死体に翼帯マーカーがあったので、8703と確認することができた。

しかし、順調に成育し、飛翔能力も上達してきた他の3個体もなかなか巣の周囲から離れていかない。翌年の２月頃まで、ほとんど巣から５００ｍ以内で過ごしていた（図110）。しかも翌年の３月には８７０１も８７０２も少しの時間ではあったが、巣に戻ったのである。４月からようやく８７０１は行動範囲を広げていったが、８７０２はまだ巣の近くに滞在していた。その後、８７０１は巣の周囲では確認できなくなったが、その翌年の１９８９年２月に巣の周囲に戻ってきたのである。もし、翼帯マーカーが付いていなかったら、まさか８７０１とは思わなかっただろう。なぜならクマタカの幼鳥は、秋には親から追い出されて分散していくと思われていたからだ。

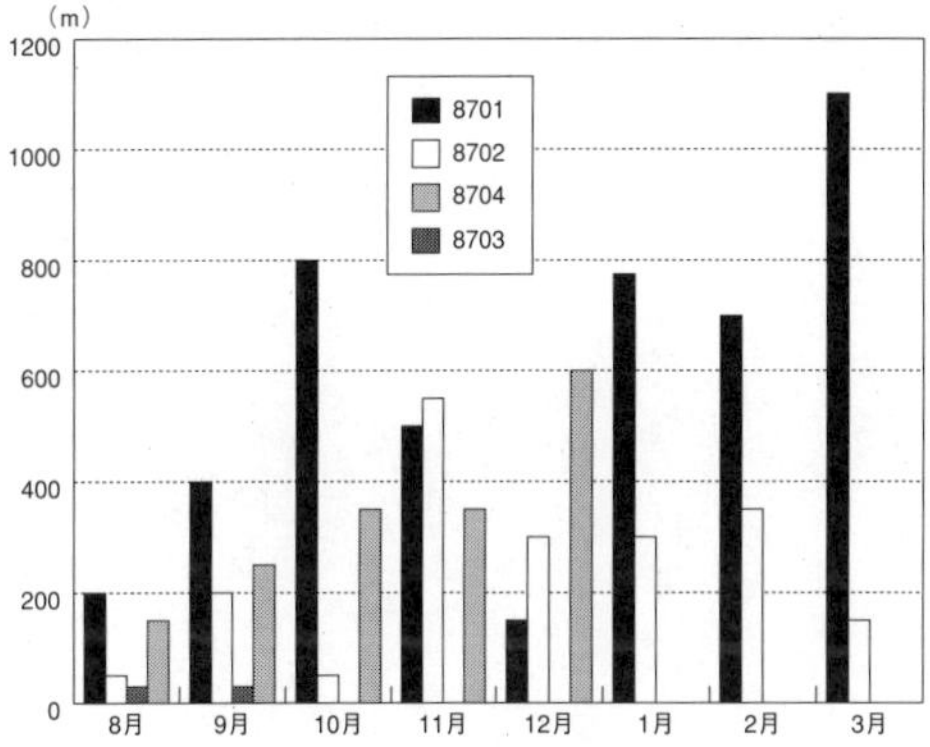

図110　クマタカ幼鳥の巣立ち後の巣からの最長移動距離

その後、多くの幼鳥に翼帯マーカーや電波発信機を装着して調査を続けた結果、クマタカの幼鳥は、巣立ち後も長期間、巣の周囲に滞在し、秋になっても親元から離れないことが明らかになった。そして、少なくとも翌年の２月末頃までは巣の周囲５００ｍくらいに滞在し、時には親鳥から獲物を受け取ることもあることがわかった。

クマタカはイヌワシとは異なり、親鳥は巣立った幼鳥を巣の周囲で少なくとも翌年の２月頃までという長期間養育し、幼鳥はその養育を受けながら、巣の周囲の森林で徐々にハンティング能力を身につけていくことが明らかになったのだ。１個しか卵を産まない代わりに、孵化した雛を長期間にわたって確実に育て上げる。これは、熱帯雨林に生息する大型の猛禽類の繁殖戦略であり、日本のクマタカも温帯の森林でこの戦略を引き継いでいたのである。

3. 森林国で生きていくための繁殖戦略

イヌワシのあまりにもショッキングな2番目の雛の運命、クマタカの過保護とも思われる長期間におよぶ幼鳥の養育は、ともに思いもよらなかった不思議な行動だった。

なぜ、日本に生息するイヌワシとクマタカはこのような不思議な行動を行うようになったのかを、もう一度、彼らの生息する日本の自然環境とあわせて考えてみたい。

イヌワシは北方から、クマタカは南方から日本に分布域を広げ、日本の山岳地帯で生息場所を確保し、日本のイヌワシ・日本のクマタカとして、ともに地域個体群（亜種）を維持してきた。言い換えれば、日本にやってきたイヌワシもクマタカも、日本において後継ペアを確実に維持できるだけの幼鳥を確実に生産する、独自の繁殖戦略を獲得したからこそ、日本に生存することができたのである。

イヌワシもクマタカも、ともに大型の猛禽類で、繁殖可能な年齢になるのには約4年かかると言われている。また、イヌワシの寿命は第4章で記述したとおり、飼育下では46年生存した記録もあるくらい、とても長い。クマタカの寿命は未だ明らかにはなっていないが、イヌワシにほぼ近い寿命を持っているものと思われる。しかし、巣立った幼鳥が成鳥にまで生き残れる確率はとても低いし、何とか繁殖ペアになったとしても、さまざまな要因によって繁殖活動は制限されることが多く、一生涯に産み育てあげる後継個体の数はきわめて限られている。

日本に分布域を広げたイヌワシとクマタカが種を維持するには、繁殖ペアがペアを形成してから繁殖できなくなるまでの間に、少なくとも自分たちの後を引き継ぐだけの繁殖ペアを確実に確保するために必要な後継個体を生産する繁殖生態を獲得しなければならなかったのである。

それは、卵を多く産めば解決するというものではない。卵を多く産み、多くの雛を育てあげるにはとても大きな投資とリスクも負うからである。気の遠くなるような年月を経て、生息する自然環境の変化の中で種を維持できる、最も効率的で最も合理的な繁殖戦略を獲得した種のみが生存し続けることができるのである。

イヌワシは、獲物の生息数が年によって大きく変動する不安定な自然環境において2卵を産み、時には2羽が巣立ち、時には1羽も巣立たないという本来の繁殖生態を、獲物となる生物の生産量が安定しているもののハンティング場所は限定されている日本の森林環境に適応させるための戦略を確立する必要があった。クマタカは、東南アジアの総生物生産量の変動の少ない熱帯雨林で獲得した1卵を確実に育て上げるという繁殖戦略を日本の山岳森林帯でも維持することにより、後継個体を安定的に生産することができたのである。

イヌワシとクマタカは本来の生息場所がまったく異なる猛禽でありながら、日本に分布域を広げてから、長い年月を経て日本の森林生態系に見事に適応してきたからこそ、日本で種を維持することができたのである。その繁殖戦略こそが、残酷なまでのイヌワシの雛の兄弟殺しであり、過保護とも思えるクマタカの一人っ子戦略なのである。

いずれの不思議な行動も、日本の森林が有する、生物の種類と量が豊かで、総生産量の変動の少ない自然環境特性に適応した繁殖生態であり、決して不思議な行動ではなかったのだ。

このことは、もし日本の森林から豊かさや安定性が失われてしまった時、イヌワシやクマタカは日本では自分たちの後を継ぐ子孫を残せなくなってしまうことを意味しているのだ。

第10章　天狗伝説とイヌワシ

岩の上で両翼をあげるイヌワシ（片山磯雄撮影）

1. イヌワシは天狗？

全国のイヌワシの生息地には「鷲」という名前の他に、「天狗」の名前がついている場所がかなりある。イヌワシは漢字では「狗鷲」と書く。イヌワシのことを調べていくに連れ、天狗とイヌワシは何らかの関係があるのではないかと思うようになった。

1981年3月に「イヌワシ風の砦」の雛の孵化のシーンを撮影するためにこもっていたブラインドから真正面に見つめたイヌワシの顔が天狗の顔そのものだったことは、第3章に記したとおりだ。大きな眼窩《がんか》から発せられる、人を射抜くような鋭い眼光、顔の中央にある天狗の鼻のように大きくて長いくちばし、それはまさに天狗の顔だった。

絵に描かれた天狗をよく見ると、高下駄を履き、一振りで1000里を翔けるという羽団扇《はうちわ》を持っている。イヌワシの足指と爪は身体に比べて不釣り合いなくらい、大きい。これは高下駄を履いているように思えないだろうか？　さらに、不思議なことは天狗の持っている羽団扇である。描かれた羽団扇の羽の枚数が12枚であるのを見たことがある。何と、イヌワシの尾羽の枚数は12枚である。あまりにも天狗の特徴とイヌワシの特徴が合致することが多い。羽団扇を一振りすれば千里を翔けることができる、天狗の並はずれた飛翔能力は、いったん飛び立てば翼を羽ばたかせることなく、一気に遠方まで飛行することのできるイヌワシの飛翔能力そのものである。

さらに、面白いのは烏《からす》天狗である。複数の烏天狗が天狗の後に従っている様子が描かれている絵を見たことがある人も多いと思う。カラスはイヌワシを見つけると、イヌワシの近くにやってきて、よってたかって騒ぎ立てる。これはモビング（日本語では「野次る」という意味）という行動で、普段、イヌワシに捕殺されることのある鳥が、攻撃できない状態にあるイヌワシに対してちょっかいを出す（嫌がらせをする）行動である。イヌワシがしつこくつきまとう数羽のカラスとともに飛行する様子は、まさに天狗が烏天狗を引き連れている光景そのものである。

イヌワシは日本の山岳地帯に古くから生息していた。また、今でこそ、イヌワシの生息する山間部は過疎になっているところが多いが、石油、電気、水道のなかった時代、山間地は建築資材や燃料を供給してくれる樹木が豊富にあり、水にも恵まれた生活の場であった。その当時は、山はさまざまな資源を確保できる、重要な生産活動の場であり、人々はイヌワシの姿もよく見ていたに違いない。

イヌワシは類いまれな飛翔能力を持ち、その精悍《せいかん》な雄姿から、世界中で人々から畏敬の念を抱いて見られている猛禽である。アメリカ先住民である、アメリカインディアンの人たちが大きな髪飾りに用いている羽の多くはイヌワシの風切羽である。彼らは死後、魂は天上に行き、イヌワシのような能力を得ると信じている。アメリカの猛禽類の学会に行った時、アメリカインディアンの方がイーグルダンスという踊りを見せてくださったことがある。全身にイヌワシの羽

図111　イーグルダンス

をまとい、天上の神であるイヌワシになったように踊るのである。このようにイヌワシは人間の心をつかむ何かを持っている生物だと、私は信じている。恐らく日本人も、人を寄せ付けないような急峻な渓谷を自由自在に飛び回り、生きた獲物を見事に射止めるイヌワシを見て、特殊な超能力を持つ妖怪「天狗」を創造したのではないかと思っている。

　滋賀県にも、鈴鹿山脈のほぼ真ん中に「天狗」の名前のつく場所がある。「天狗岩」、「天狗堂」である。三重との県境、藤原岳（標高１１４５ｍ）の山頂から尾根を北西へ少し下りたところにある天狗岩には、今でもイヌワシが止まる。天狗堂は標高９８８ｍ、とんがり帽子のように周囲の山から突き出た山であり、上昇気流が発達しやすく、山頂には露出した岩がある。ここは隣接して生息するイヌワシの行動圏が重なるところであり、時には3羽以上のイヌワシが同時に飛翔することもある。さらに、3ペアのクマタカの行動圏が重なる場所でもあり、5羽以上ものクマタカが同時に旋回することを見かけることもある。イヌワシとクマタカは遠くから見ると、その飛翔する姿はよく似ており、しばしば大きな「鷲」が何羽も集って飛行する様子を見て、天狗が一堂に会する様子になぞらえ、天狗堂と呼ばれるようになったのではないかと思っている。

図112　天狗岩

図113　天狗堂

2. 滋賀県内の鷲と天狗の伝説

滋賀県には鷲や天狗に関する伝説や民話、言い伝えがあちこちにある。

とくに有名なのが「良弁《ろうべん》和尚《おしょう》」伝説である。大津市北部（旧志賀町）に古くから伝わる伝説で、ここに住んでいた夫婦の子が大鷲にさらわれ、奈良県の大杉の頂上に連れ去られたが、そこで僧正に助けられ、その後、高僧で東大寺初代別当となる良弁和尚になったというものである。

この鷲にさらわれる様子を描いた掛け軸が伝承地の天川一《あまかわはじむ》さん宅にあるということで、2006年4月にお話をうかがいに行った。近くにある八所《はっしょ》神社（大津市南船路《みなみふなじ》）の境内には「良弁納経《のうきょう》塚」がある。これは、奈良の東大寺の建立に尽力した良弁（689~773）が一石一字（石一つに1字ずつ書写した）の法華《ほけ》経を書いて納めた塚であると言われている。

図114　良弁伝説蒔絵（天川家蔵）

天川さん所蔵の掛け軸には、子を両足につかんで飛び去ろうとする大鷲と、必死で我が子を取り戻そうと両手を上げて空を見つめている母親の姿が描かれている。掛け軸にはこの夫婦の名前も記載されている。夫は「天川佳人」、妻は

「おは奈」と記されている。子の名前は「吉祥丸」２歳（数えなので、満年齢では1歳未満の赤ん坊）とある。天川さんの話によると、この夫婦は天川さんの先祖の家に身を寄せていたそうだ。

この伝説の内容は、出典によっていくつか異なる箇所もあるが、奈良デザイン協会製作の紙芝居『奈良のむかし話』の一つ「二月堂・良弁杉」と奈良市音声館の創作ミュージカル「二月堂良弁杉」のあらすじなどを参考にすると、次のような内容になる。

志賀の里に住んでいた夫婦は結婚して長らく子供に恵まれないため、近くの観音様にお願いして、ついに男の子を授かった。夫婦は男の子の誕生を心から喜び、大切にその子を育てていた。ところが、ある日、夫婦が近くの桑畑で桑の葉をつむ仕事をしていたところ、急に空が暗くなり、大鷲が現れ、木陰に置いていた子をさらっていった。

母親が泣き叫ぶなか、大鷲は奈良まで飛行し、大きな杉の木の頂上にその子をひっかけた。たまたまその時、大杉の下を通りかかった東大寺の義淵僧正《ぎえんそうじょう》が、この大きな杉の上で泣いている子を助けた。この子の懐には1寸の観音様のお守りが入っていた。義淵僧正はこの子を良弁と名づけ、お坊さんの修行をさせた。

図115　大鷲にさらわれた良弁がひっかかっていたと伝わる東大寺二月堂の「良弁杉」。初代は第２室戸台風で倒れ、この杉は２代目にあたる

50年近くの後、良弁は大変偉い高僧になった。一方、母親は大鷲にわが子をさらわれて以来、わが子を探す旅を続けていたが、ついに80歳を超え、身体も自由がきかなくなった。もはやわが子に会うのは叶わぬことと、わが子を探すことをあきらめ、志賀の里に帰る決意をして、淀川の渡し舟に乗った。すると「奈良の都の良弁和尚は鷲がさろうてきた子やそうな」という船頭の歌が聞こえた。もしや、わが子のことではないかと、伏見の岸に舟が着くやいなや一目散に奈良に向かった。

しかし、東大寺に来たものの、位の高い高僧の良弁にはなかなか会えるものではなかった。あきらめかけていた矢先、たまたま近くを通りかかった実忠《じっちゅう》という僧の計らいで、良弁が樹頂で泣いていたという大きな杉の幹に良弁の幼名を書いた紙を貼りつけることにした。大きな杉のもとにやってきた良弁和尚は、この貼り紙を見つけ、驚いた。そして、その傍らの草むらにたたずむ老婆を見つけ、この老婆が自分と同じ観音様のお守りを持っていることから、その老婆が母親であることを知り、ついに再会を果たしたのだった。

その後、良弁和尚は母親への孝行とますますの修行に励み、立派な高僧として知られるようになり、東大寺や石山寺の建立に尽力した。

天川さんの話によると、このような縁で天川さんの先祖代々は石山寺の鍵を預かる役を務めていたそうだ。

実は、この赤ん坊がさらわれたという場所は比良山地に生息する1ペアのイヌワシの行動圏内にある。つまり、この話はまったくの架空の話ではなく、実際にイヌワシが飛行する様子を見て、つくられた話ではないかと思われるのである。この伝説によく似た話は、隣の福井県の上中町根《ね》来《ごり》にもある。この根来の谷もイヌワシの生息地なのである。

さらに二つ、滋賀県に伝わった鷲に関する伝説を紹介したい。まず、旧浅井町《あざいちょう》（現、長浜市）に伝わった「巣賀谷《すがたに》」は次のような話である。

今からざっと百年くらい前までは、「須賀谷」は「巣賀谷」の字を使うたものだそうな。この須賀谷の一番奥の尾根を、中尾というて、そこには高さ三十間《けん》、横三百間の、それこそ目のまわるような大きな岩の壁がそびえている。むかし、その南寄りのひときわ目立つ切り立ったような大岩に、それはそれは大きな鷲が巣をかけたそうな。五先賢の一人、片桐且元《かつもと》公もこの地で生まれられたが、この人の父親が、あるときの戦いに、この大鷲の巣を仰ぎ見て「これは吉祥《きっしょう》ぞ！」と勇んで出陣され、大勝を得られたそうな。その喜びを、巣を賀すとして「巣賀谷」となされたそうな。それがいつの間にやら須賀谷となってしもうた。

（浅井町教育委員会発行『浅井昔ばなし』１９８０年）

現在「須賀谷」にイヌワシは生息していない。しかし、この話がつくられた頃には本当にイヌワシが棲んでいたのかも知れない。その頃は、イヌワシが獲物を捕ることのできる場所は現在よりもっと広く山麓部にまで広がり、獲物となる動物も現在よりもはるかに多かったかも知れないからだ。獲物を捕ることができる場所が充分にあれば、「須賀谷」のような比較的低い山地でも繁殖していた可能性はある。

もう一つは、もっと具体的で興味深い鷲の伝説である。これは、伊香《いか》郡余呉《よご》町で地元では「丹《に》生川《う》」と呼ばれる高時川《たかとき》上流部一帯を舞台にした「鷲の岩屋」という伝説である。
むかし、湖北余呉の庄に化鳥《けちょう》が住みつき、北国往還《ほっこくおうかん》の人びとや牛馬を悩ますとの訴えが、都の役所にとどけられた。時の天皇はこのことを非常に心配され、役人たちを集めこの相談の結果、当時豪勇をもって知られる隠岐広有《おきひろあり》に、これを退治するよう命ぜられた。ところが、このとき、源氏の血を受けた西山三郎、京都にあってこれを聞き、「源氏の一門のなかに勇者はいないのか」と嘆いて、三郎自ら供の者八人をひきつれ、ひそかに京を出て余呉の地にやってきた。椿井（椿坂）を経て深山幽谷に入ることしばしで、樵《きこり》の住む数戸の家のあるところにたどりついた。樵の家に入り、しばらく休んでいると、にわかに黒雲あらわれ、雷鳴のような鳴き声が聞こえてきた。とび出て空を仰ぐと、二メートルにもおよぶかと思われる翼をもった大鷲三羽が、黒雲の下を旋回しているのが見えた。三郎はさっそく持参した三人張り、十五尋《ひろ》〔1尋＝約1・8ｍ〕の豪弓《ごうきゅう》に矢をつがえ、力一杯引きしぼると、鷲に向かって、はっしとばかりに放った。三郎がつぎつぎと放つ矢は、いずれもみごとに命中し、鷲は絹を裂くような叫びをあげ、谷間に落ちていった。このとき、はじめて鷲を見た、樵の家のあるところを鷲見というようになった。また、雄鷲の落ちた谷をオンドリ谷、雌鷲の落ちた谷をメンドリ谷、小鷲の落ちた谷を小鷲見、尾羽のとんだところは尾放《おばなし》（尾羽梨）、皮を剥《は》いだところを剥皮《はりかわ》（針川）と呼ぶようになり、今も地名としてそのまま残っている。また、鷲見から二丁ほど南に出た山の中には、当時鷲が住んでいたといわれる洞窟が、鷲の岩屋といわれ残っている。

（余呉町教育委員会発行『余呉の民話』）

この伝説の舞台となっている高時川上流部は急峻《きゅうしゅん》な深い谷であり、複数のクマタカが連続して生息し、イヌワシも生息している。翼を広げた長さが２ｍということや、岩の洞穴が鷲の住まいであるということもイヌワシの特徴にぴったりと合っている。大きくて力強いイヌワシを見ていた人々から、このような話が作られたのではないかと思われる。

天狗の伝説もいくつかある。天狗研究書の白眉《はくび》とされる知切光歳《ちぎりこうさい》著『天狗の研究』（１９７５年大陸書房刊、２００４年に原書房より復刊）の本の中では、滋賀県内で天狗が棲む山として、伊吹山、比良《ひら》山、比叡山、綿向《わたむき》山が出てくる。すべて現在でもイヌワシが繁殖していたり、飛来したりする山地であり、やはり古くからイヌワシが生息していることが知られており、天狗の棲むところとして言い伝えられていたのだと思う。

図116　高時川上流部

伊吹山の天狗に関しては、伊吹町教育委員会発行の『伊吹町むかし話』（１９８０年）に「倉のウチの天狗」が載っている。「伊吹山の西側に崖のくずれ落ちた深い谷がある。長円坊という天狗が住んでいると昔からいわれていたところで、倉谷と呼ばれている。昔、伊吹山へサンショを採《つ》みに出かけた男が、いつまでたっても帰ってこない。村の人が出てさがしてみると、やっぱりこの崖の中で死んでいた。村の人は、天狗にほられたにちがいないと言いあった。倉のウチには天狗がいる。めったに近づいてはならない」というもので、イヌワシが繁殖している谷の危険性を伝えているのだろう。同様の話は鈴鹿山脈にもある。この谷に入ると天狗にさらわれたり、襲われたりするので近寄ってはいけないと戒めている。イヌワシの繁殖する谷は急峻で落石も多く、大変危険な所が多い。このため、とくに子供たちにはそこに決して近づかないように、天狗を引き合いに出して、警告していたのではないかと思われる。

比良山地にイヌワシが生息していることは良弁和尚のところで説明した。この比良山地に棲む天狗のことについては、『天狗の研究』で次のように紹介されている。

　比良の天狗の乱暴は、早く「今昔物語」にも、讃岐《さぬき》［香川県］満濃《まんのう》池の竜王が小蛇に化けて昼寝をしていたのを掴んで飛び去り、頂上の岩穴に閉じこめて弱ったところを取りくらおうとして待っていたと書かれている。

これは随分、昔の伝説であるが、蛇をつかんで飛び去り、それを食べようとしたという行動は、まさに日本のイヌワシのヘビを多食するという独特の食性そのものである。さらに、「岩穴に閉じ込める」という行動も、イヌワシは岩棚（とくに雨がかからないように少し奥まって穴のような状態になっているところが多い）に巣を造るため、そこに獲物を運んでいったり、岩場にある獲物の調理場で獲物を捕食していたりする行動とあまりにもよく似ており、イヌワシの行動を天狗の所業として物語を表したのではないかと思われ、大変興味深い。

図117　岩穴の巣でヘビを飲み込むイヌワシの雛（1978.5.20）

その他に、天狗に関するおもしろい伝説としては、琵琶湖の竹生《ちくぶ》島がある。この島の宝厳寺《ほうごんじ》には天狗の爪がある。『天狗の研究』によると、「島中に天狗社〔筆者注：現在の呼称は天狗堂〕もあり、昔から天狗に縁由《えんゆう》の深い島で、まだ延暦寺も園城寺《おんじょうじ》も創建を見ない飛鳥の朝の頃は、比良山塊、伊吹山などの天狗が、湖上の空を我が物顔に飛び廻り、島を拠点として跳梁《ちょうりょう》をたくましくしていたという。その頃、行基《ぎょうき》菩薩が島に渡って、思念を凝らしている時に、天狗一同がその読経を妨害しようとしたが、行基の法力に折伏《しゃくぶく》され、天狗一同が行基に帰依《きえ》して、島の護法となることを誓い、その験《しるし》として天狗行神坊〔正しくは、行尋坊〕が自分の生爪を剥がして献じた生爪の二個が竹生島宝厳寺にある」とのことである。

　実際に宝厳寺宝物殿には、「天狗の爪」として図119の3種類の品が収蔵されており、見学もできる。詳しい分析などは行われたことがないが、おそらく上段2種は地中から出土した古代の巨大なサメの歯の化石、下段の糸で結ばれた三つは哺乳類の歯だろう。いずれも鷲の鉤爪を思わせる形状である。

　その由来は作り話であるにしても、古くからイヌワシ

図118　宝厳寺のある竹生島

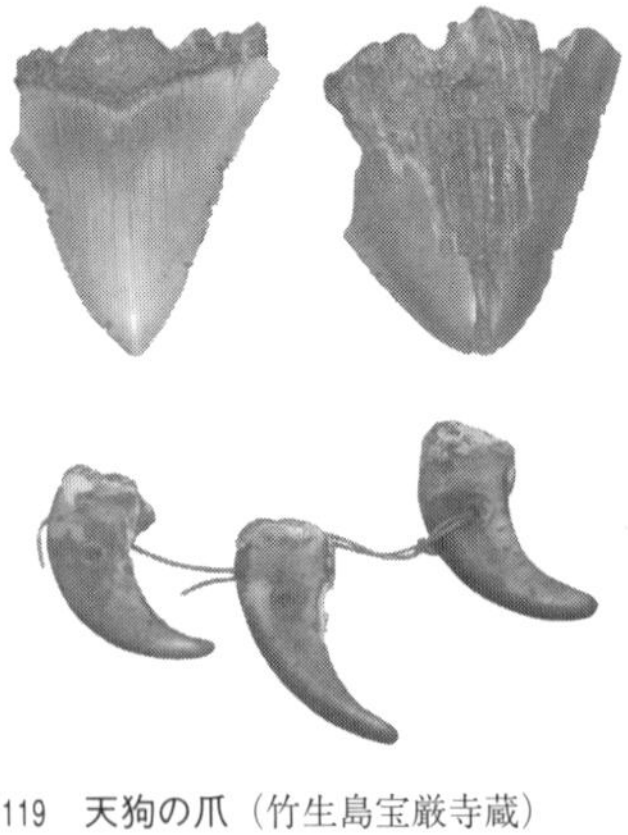

図119　天狗の爪（竹生島宝厳寺蔵）

の生息している比良山地や伊吹山が天狗の生息地として紹介されていることや、この天狗がいともたやすく琵琶湖の上を飛び回っているというところが興味深い。イヌワシの並外れた飛翔能力を目の当たりにしていた人々が琵琶湖の上を往来する天狗を創造したのかも知れない。

天狗と同様に、東南アジアにはクマタカが超能力を持つ想像上の神鳥のモデルになっているものがある。ヒンズー教の神であり、インドネシアの国営航空のトレードマークにもなっている神鳥「ガルーダ」のモデルになっているジャワクマタカだ。ガルーダは、クマタカに特徴的な大きくて力強いくちばしと鋭い眼、大きな翼を持っているだけでなく、ジャワクマタカの頭頂部にある冠羽も同じように有している。

図120　インドネシアのガルーダ神

図121　ジャワクマタカ（Adam撮影）

ジャワクマタカの力強い飛翔、さまざまな生きた動物を捕食するパワーに、人間にはない能力を見出し、ジャワクマタカをモデルにした想像上の神をつくりあげたのではないかと思われるが、イヌワシの生息していない地域ではクマタカが超能力を持つ想像上の生物のモデルになっていることはとても興味深い。

仏教の八部衆《はちぶしゅう》の半人半鳥のカルラも同じくクマタカをモデルにしたものと思われるが、広辞苑によると「天狗はカルラの変形を伝えたものという」と記載されており、もともとは日本の天狗伝説のルーツは東南アジアのクマタカだったのかも知れない。

しかし、日本にはより飛翔能力に長けた、パワフルな鷲が生息しており、天狗のような能力を持つ鷲、つまり「狗鷲」と呼ばれるようになったのかも知れない。いずれにしても、イヌワシやクマタカは人間にはない能力を有する神がかり的な生物として、畏敬の念を持って見つめられてきたことには違いない。

第11章　イヌワシもクマタカも棲める琵琶湖源流域

伊吹山地上空から琵琶湖を望む

1. 滋賀県のイヌワシとクマタカの生息場所

滋賀県にはどれくらいのイヌワシやクマタカがどこに生息しているのだろうか？

私たちは、1976年3月に鈴鹿山脈で初めてイヌワシの生息を確認して以来、巣の見つかったイヌワシの観察を続けるとともに、県内のイヌワシの分布を調べるために山岳地帯を走り回った。

5万分の1の地図をみれば、おおよそイヌワシの巣がありそうな場所が地形から読み取れる。そこに行って実際に観察を行ない、イヌワシの生息を確認する。しかし、1日で生息の有無が判定できるとは限らない。1日目でペアが確認されれば、まず生息していると判断できるが、困るのは生息していないという判断をどう行なうかである。

もともとイヌワシは行動圏が広く、実際に生息しているところですら、限られた地点からの観察だけでは目撃できないこともまれではない。生息が確認できたところを地図に落とし、隣接するペアの営巣場所の絞り込みをさらに行なう。こうやって生息の確率が最も高い場所を選び出し、何回も観察に出かけて行った。単独の観察地点では観察範囲が狭く、効率が悪いので、できるだけ多くのメンバーといっしょに出かけ、複数の観察地点に分かれて観察を行なった。結局、生息していないという判断を行なう方に、より多くの調査日数と人数を要した。

そのようなローリング調査を、滋賀県内のメンバーとともに、1980年から琵琶湖の源流域で順次実施していった。地図から見た地形はイヌワシの生息に適していても、実際に現場に行ってみるとスギ・ヒノキの植林が一面を覆いつくしており、イヌワシがハンティングできる場所がほとんどないというところも多かった。そういうところでは、やはりイヌワシは出現せず、クマタカが出現するだけだった。

その結果、鈴鹿山脈には6ペア、県下全体では約10ペアのイヌワシが生息していることがわかった。また、イヌワシの生息ペア数は山岳地帯の面積には比例していないことも明らかになった。比良山地は、鈴鹿山脈と同じ密度で生息しているとすれば、3ペアは生息していてもおかしくない広さを有しているが、実際には1ペアしか生息していなかった。

滋賀県内でイヌワシが生息している環境は、単に急峻な地形の存在だけではなく、年間を通じて獲物を捕食できる場所が存在しているところであった。つまり、夏に山々が樹木の展開した葉に覆いつくされても、低灌木や草本類しか生育しない雪崩《なだれ》跡地、崩壊地、吹雪や強風にさらされて樹木の成育しない尾根部、石灰岩地帯のような自然開放地が存在し、冬には林床部がはっきりと見える夏緑（落葉）広葉樹林が広がっている地域が滋賀県のイヌワシの生息場所であった。

一方、クマタカは琵琶湖を取り巻く県境部につらなる山地にはどこにでも生息していた。1985（昭和60）年度から5カ年にわたって環境庁の「人間活動との共存を目指した野生鳥獣の保護管理に関する研究（ワシタカ）」調査事業の中で、鈴鹿山脈全域のクマタカのペアの分布を2年がかりで調査した。

調査方法は、鈴鹿山脈を41のブロックに分割し、1986〜1988年に、ブロックごとに北から順にミニ合同調査を実施した。ミニ合同調査は、各ブロック内の範囲がすべて見えるように複数の観察地点を配置し、1泊2日でクマタカの出現状況を調査するという方法である。

その結果、標高300m以上の鈴鹿山脈775㎢に37ペアのクマタカが生息していることが確認された。これは約20㎢に1ペアの高密度だった。しかも興味深いことに鈴鹿山脈の北部の比較的夏緑広葉樹林の割合が多い地域も、比較的スギ・ヒノキの常緑針葉樹の割合が多い南部地域も、クマタカはほとんど同じ密度で生息していた。

すでに述べたように、クマタカはイヌワシと異なり、林内に入って獲物を捕食することができる。このため、獲物となる中小動物が豊富に生息し、林内にハンティングできるだけの空間がある森林であれば、樹種を問わずにクマタカは生息できるのだ。そのことを裏付ける結果であった。

しかし、場所によっては、スギ・ヒノキが植林されてもまったく枝打ちや間伐が行なわれず、細い植林木が林立し、昼間ですら薄暗い林もあちこちで見受けられた。このような植林地は下草が生育しないため、中小動物も少なく、また枝打ちされない横枝が無数に出ているため、クマタカですら林内を飛行することができない。このような放置された植林が増加していけば、クマタカも生息できなくなる地域が出てくるのではないか、そんな不安を感じることもしばしばあった。

図122　手入れのされていないスギ林

県内のイヌワシとクマタカの分布を調査するということは、かなりの労力を要することだった。林道の終点から数時間も歩かなければならないところもあった。しかし、この調査のお陰で、琵琶湖の源流域のすべての森を訪れることができた。

琵琶湖の源流域には琵琶湖を育む豊かな森林が広がっているが、それは均一で単純な環境ではなかった。季節の変化とともに大きく表情を変える森林、人の手によって造りだされた緑濃い森林、イヌワシがハンティングにやってくる自然開放地が点在している尾根や斜面、人を寄せ付けないほど急峻で奥深い渓谷、波打つ湖面のように連なる尾根おね、さまざまな植生と地形の存在がイヌワシもクマタカも棲むことができる琵琶湖の源流域を織り上げていることを、身をもって知ることができた。

2．生物多様性に富む豊かな「びわ湖の森」

滋賀県には日本一大きい湖である琵琶湖があり、その周囲には琵琶湖を抱くように森林におおわれた山岳地帯が広がっている。琵琶湖は、滋賀県だけでなく京都や大阪など近畿に住む多くの人々に、安定的に水を供給する近畿の水がめとしてきわめて重要な湖であるが、ビワマス、ビワコオオナマズ、ニゴロブナなどの固有種をはじめ多種類の魚類や貝類が生息する、生物多様性に富む湖としてもよく知られている。

琵琶湖は日本一大きな湖として有名なため、県外に住んでいる人は、琵琶湖が滋賀県の面積の大半を占めているように思っていることが多い。ところが、実際には琵琶湖はそれほど大きくはない。琵琶湖の面積は滋賀県全体のわずか16・7%に過ぎない。一方、森林面積は滋賀県全体の50・4%も占めており、なんと琵琶湖の面積の3倍もの広さを占めているのだ。

その森林から約460本もの河川が1年を通じて、琵琶湖に水を供給することにより、日本最大の湖が維持されている（『琵琶湖と自然』滋賀県1997）。「琵琶湖」は、母なる湖「マザーレイク」と呼ばれているが、この「マザーレイク」は琵琶湖に水を供給する集水域の森、つまり「びわ湖の森」によって成り立っているのだ。「びわ湖の森」とは、「琵琶湖」を育む「マザーフォーレスト（母なる森）」、あるいは「ファーザーフォーレスト（父なる森）」であり、水資源のみならず、私たち人間の生活になくてはならないさまざまな自然資源の宝庫でもある。降り注ぐ雨は、「びわ湖の森」を育て、多くの野生動物を養うとともに、「びわ湖の森」という緑のダムに蓄えられ、一年を通じて、北から、南から、東から、そして西からと、琵琶湖に注ぎ込まれる。

「びわ湖の森」は大きく分けて、北の野坂山地、北東の伊吹山地、南東の鈴鹿山脈、西の比良山地からなる。琵琶湖を取り巻くこれらの山地はすべて、琵琶湖を育む「マザーフォーレスト」「ファーザー・フォーレスト」ではあるが、地理的、地形的、植生、生物相において、それぞれ異なる特徴を持っている。

野坂山地や伊吹山地は日本海側気候の影響を大きく受け、冬には大量の雪が積もることが多く、植物も日本海側気候に適応した種類が多い。さらに、伊吹山地は、その東側が岐阜県であり、中部地域の生物相の特徴も受けている。鈴鹿山脈は、南北に長く、北と南では気候も随分と異なる。

北西部は冬には日本海側から寒気が吹き込み、降雪量も多いが、南東部は太平洋側気候の影響を受け、晴れることが多い。このため、鈴鹿山脈には日本海側に見られる植物と太平洋側に見られる植物が混在し、大変多くの種類の植物が確認されている。比良山地は、琵琶湖のすぐ近くから山々が一気にそそりたつ山地であるが、その山麓は古くから里山や棚田として利用され、人々とのかかわりにおいて多様な自然が形成されてきた。

伊吹山地のところでも触れたように、滋賀県は本州のほぼ中央部に位置し、生物の分布からは本州中部以北と中部以南との境界部にもあたっている。このため、伊吹山地の標高の高いところでは、本州中部の亜高山帯で繁殖する野鳥が繁殖していることもある。つまり、「びわ湖の森」は日本海側気候や太平洋側気候の両方の影響を受けるとともに、生物相では本州中部以北と以南の影響を受ける地域にあるばかりでなく、さまざまな地形が存在するため、多くの自然環境要素を有している。このため、「びわ湖の森」にはきわめて多種類の植物が生育し、多くの種類の動物が生息しているのだ。

このことはイヌワシとクマタカの両種がともに「びわ湖の森」に生息していることからも裏づけられる。クマタカは鹿児島県から北海道まで幅広く分布しているが、イヌワシは主に本州中部以北に分布する猛禽であり、滋賀県は東中国山地と同様に、分布のほぼ南限とも言える地域である。つまり、「びわ湖の森」にはクマタカが生息できる中小動物が豊富な森があるだけでなく、イヌワシも生息できる特有の環境も存在しているということの証でもあり、「びわ湖の森」は琵琶湖と同様に多様な自然環境と生物多様性を有する、豊かな森なのである。

3．全国の分布から見た意義

日本地図を見ると、滋賀県は日本のほぼ中央部に位置するだけでなく、本州がくびれて狭くなった所に位置しているのがわかる。しかも、滋賀県の東側には大きな山塊を有する中部山岳地帯があり、西側には中国山地や紀伊山地がある。滋賀県は、多くの生物にとって、本州中部以北の分布域と中部以南の分布域をつなぐ位置にあるのだ。

イヌワシにとっては、本州中部以北の主要な分布域と西日本にかろうじて個体群を維持している中国山地とをつなぐ位置にあり、クマタカにとっては、本州中部以北と中部以南という、二つの広い分布域の渡り廊下のような場所に存在しているのだ。

地域ごとの個体の集まりを個体群の最小単位として「地域個体群」とよぶ（『鳥類学辞典』２００４）。地域個体群がきわめて小さく限定的であると、その個体群内では遺伝的な多様性が失われ、絶滅の危機に陥りやすい。イヌワシやクマタカはもともと個体数が少ないだけでなく、とくにイヌワシは分布域がきわめて限られているため、地域個体群間の交流が図られないと、遺伝的な多様性を保つことが困難となり、種を維持していくことが困難になる危険性がきわめて高い。

ニホンイヌワシは朝鮮半島にも分布しているというものの、韓国と日本の間で渡りを行なっているという確実な記録はなく、ほぼ日本国内で一つの地域個体群を形成していると考えてもよい。しかも現在、日本におけるイヌワシの生息数はわずかに約１６５ペア。昔はもっと生息数が多か

図123　コリドーとしての「びわ湖の森」

ったとは思われるものの、それでも、もともと生息場所が限られているニホンイヌワシはクマタカほど多く生息していなかったことは間違いない。そのような個体数が少ない生物が日本の中で種を維持していくには、血縁関係を増やして、遺伝的交流を図らなければならない。しかも、現在、イヌワシは近畿地方より西部の地域では、繁殖成功率が著しく低下しているだけでなく、生息している個体数も激減している。もし、中部山岳地帯以北で巣立ったイヌワシが滋賀県を通過して中国山地などの西日本の山岳地帯にやってくることができなくなれば、西日本のイヌワシの個体群は孤立し、より早く絶滅に向かってしまうに違いない。

このため、イヌワシが遺伝的多様性を保ち、種を維持していくためには、本州中部以北の個体群と中国山地の個体群が交流することが不可欠である。「びわ湖の森」は、滋賀県で繁殖するイヌワシやクマタカにとって重要な生息場所であるだけでなく、本州中部以北で巣立ったイヌワシと中国山地で巣立ったイヌワシが相互に行き来をする、回廊《かいろう》（コリドー）としても、きわめて重要な意味を持っているのだ。

クマタカがどの程度、山岳地帯間で交流を行なっているのかは、まだ明らかにはなっていない。しかし、これまで私たちが実施している巣立ち後の幼鳥の分散調査では、少なくとも鈴鹿山脈から伊吹山地までは移動していることがわかってきており、クマタカの幼鳥も森林におおわれた山塊沿いに移動し、他の地域の個体群との交流を図っているものと思われる。

本州中部以北と中部以南の境界部に位置する「びわ湖の森」は、イヌワシやクマタカだけでなく、多くの生物にとって東日本の個体群と西日本の個体群の交流を支える、日本の生物にとってかけがえのない「森の架け橋」でもあるのだ。

4. イヌワシやクマタカの生存の危機

日本におけるイヌワシの生息状況は、日本イヌワシ研究会が１９８１年から毎年、全国で継続的に生息ペア数と繁殖成功率のモニタリング調査を行なっているため、かなり明らかになっている（図124）。

その結果によると、かつてペアが確認されていた場所で、２０００年までにペアが確認されなくなった場所は19カ所にも及んでいる（日本イヌワシ研究会 ２００１）。さらに、繁殖成功率（繁殖状況モニタリング調査において繁殖の成否が確認されたペアのうち、雛が巣立ったペアの数の割合）の低下は顕著で、まさに絶滅が危惧される状態にあることを示している。繁殖成功率は、調査が開始されてから最初の5年間である１９８１～１９８５年には47・1％であったが、１９８６年から急激に低下し、１９９１年以降は20％台の低い成功率が続いている（日本イヌワシ研究会 ２００１）。

繁殖成功率の低下は最初、西日本で顕著であったが、１９９１年以降は、それまでの繁殖成功率が60%台と高かった東北地区においても著しい低下が見られるようになり、西日本と同じ低水準になってきている（日本イヌワシ研究会　２００１）。海外で調査されているイヌワシの繁殖成功率は50%前後と報告されていることが多いことや、日本でも１９８１～１９８５年には50%近い繁殖成功率であったことから、イヌワシが個体群を維持するには、概ね50%の繁殖成功率が必要なのではないかと思われ、このままの状態が続けば、近い将来に個体群の維持が困難となるのではないかと危惧される。

図124で比較してあるように、鈴鹿山脈でのイヌワシの繁殖成績は、さらに悪い。繁殖成功率は、１９８１～１９８５年の時点でも、すでに全国平均の47・1%より20・2ポイントも低い26・9%であった。１９８６～１９９０年は18・5%にまで低下し、その後もずっと20%を下回るきわめて低い状態が続いている。しかも、かつてはイヌワシが生息し、繁殖していたにもかかわらず、近年、繁殖ペアが消失してしまったところが鈴鹿山脈に２カ所ある。関西電力の揚水《ようすい》発電ダム建設で大きな社会問題となった伊吹山地の金居原《かねいはら》に生息していた繁殖ペアも、ダム建設が中止になったにもかかわらず、消失してしまった。

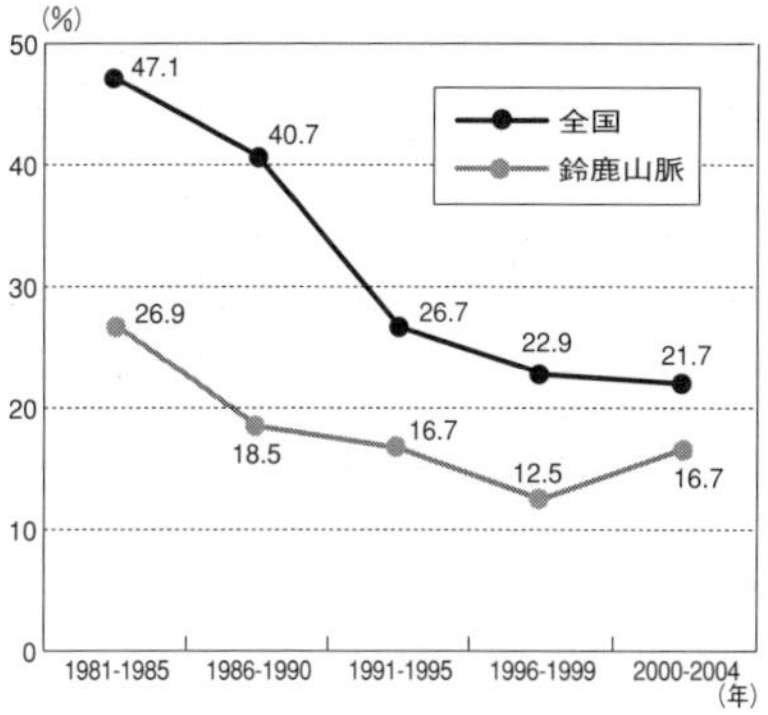

図124　イヌワシの繁殖成功率

　それでは、どうして日本のイヌワシの繁殖成功率はこれほど低下してしまったのだろうか？　日本イヌワシ研究会が2003年に取りまとめた繁殖失敗原因によると、開発・工事などの影響が34%、ペアの片方または両方の消失や亜成鳥による入れ替わり及び無精卵などの親に関係するものが22%、営巣地への人や乗り物の接近の影響が17%、餌不足が11%、巣の不具合と巣内事故が5%、ツキノワグマやカラスによる被害が5%などと報告されている。これらは直接に因果関係がはっきりしている原因のみが報告されているに過ぎない。実際には、産卵すら行なわないペアが多くなっており、イヌワシの1986年以降の繁殖成功率の急激な低下の背景には慢性的な食物の不足や環境汚染物質の影響も関係しているのではないかと思われる。

とくに、森林におおわれた山岳地帯に存在する、限られたハンティング場所を巧みに利用しながら何とか獲物を確保して生存してきた日本のイヌワシにとって、第2次世界大戦後の植生の急激な変化は、食物不足という重大な危機をもたらしたのではないかと思われる。大型の猛禽類が繁殖行動を開始し、産卵を行なうには、雌が充分な体脂肪の蓄積を行なうことが不可欠であるとされており、慢性的な食物不足が繁殖行動を開始できないペアの増加に関係しているものと考えられる。また、繁殖成功率の低下した状態が長く続き、後継個体数が減少すると、ペアの更新が行なわれず、結果として、老齢化したペアが増加することになり、これも産卵に至らないペアが増加している一つの要因になっているのかも知れない。

第2次世界大戦後の大規模なスギ・ヒノキの植林や、手入れのされない森林の増加は、山岳地帯におけるノウサギ・ヤマドリなどの中小動物の生息数を減少させただけでなく、ハンティング場所の多くを消失させてしまったに違いない。鈴鹿山脈で繁殖ペアが消失してしまった生息地は、

図126　イヌワシのハンティングエリアを減少させるスギ植林地

図125　雪景色の鈴鹿山脈

拡大造林政策により、広大な面積に植林されたスギがどんどんと生育し、植林直後にはハンティング可能だった場所が、見る見るうちにイヌワシにとってハンティング不可能な年中鬱閉《うっぺい》された森林に変わってしまった地域である。

一方、クマタカはイヌワシに比べると、北海道から九州まで日本の山岳地帯に広く連続して分布しており、生息数が多いことやイヌワシのように全国規模でのモニタリング調査が実施されていないことから、繁殖ペア数がどのように変化しているのかは正確にはわかっていない。

しかし、イヌワシと同じように、近年、繁殖成功率が顕著に低下していることは間違いなさそうだ。連続して観察が行なわれている地区の繁殖成功率の変化の報告を見ると、かつては毎年繁殖するペアもあり、繁殖成功率は50％以上あったという報告もある。しかし、最近ではまったく繁殖行動を開始しなかったり、繁殖行動を中断したりするペアが増え、繁殖成功率が10％程度というような報告も相次いでいる。

クマタカの繁殖成功率低下の原因は明らかになっていないが、イヌワシと同じように、山岳地帯における急激な植生の変化による獲物となる中小動物の生息数の減少が大きな要因になっているものと推察され、同時に営巣場所の消失も深刻な原因になっていることは間違いない。

クマタカはイヌワシと異なり、大きな樹木にしか営巣しないため、たとえ獲物となる中小動物が豊富に生息していたとしても、営巣可能な大きな樹木がなければ、繁殖できないのである。第2次世界大戦後の拡大造林政策による大規模なスギ・ヒノキ植林やパルプの原料を得るための広大な面積の森林伐採により、ここ40～50年間に全国で多くの営巣可能な大きな樹木が消失してしまったに違いない。クマタカが巣を架けることができる樹木は胸高直径が60㎝以上の大木であることが多い。いったん、このような営巣木が伐採されてしまえば、その地域の繁殖ペアは、その付近に、営巣可能な大木が育つまで、数十年、いや場合によっては１００年近くも繁殖できない状態が続くかも知れない。現に、営巣に適する大きな樹木がないため、安定した巣を造ることができず、毎年、転々と営巣木を変えたり、巣造りすらできなかったりする繁殖ペアも多いことが、全国各地で確認されている。

環境汚染物質の影響は、滋賀県内のクマタカですでに影響が出ている。１９９2年3月22日に鈴鹿山脈の私たちの研究エリアで保護されたクマタカが、信じられないほど高濃度のＰＣＢに汚染されていたことが明らかになったのだ。

ほとんど飛行することができなかったその個体を抱き上げた時、あまりの軽さと生気のなさに驚いた。体重はわずか1・45㎏。正常な個体の6割程度しかなかった。羽毛も光沢のない褐色で、栄養状態がきわめて悪いことを示していた。さらに驚いたのはその顔を見た時のことである。左眼の虹彩の外縁部から黒い斑状の部分が内側に向かって侵出してきていたのだ。すぐに、その左眼は失明していることがわかった。これでは、効率的にハンティングができるはずがない。充分な獲物を捕ることができないために、次第に衰弱していき、瀕死の状態で私に発見されたのだった。

そのままでは死亡することが明らかだったので、保護して自宅に持ち帰った。体温も37・7℃と低下しており、助かる見込みはほとんどなかった。応急処置を行なったが、保護から3日目の25日に死亡した。野生動物の環境汚染物質の調査を行なっていた岐阜大学の獣医学科に材料を送付し、検査をしてもらったところ、有機塩素化合物の一種であるPCBが肝臓中に64・6ppmときわめて高い値で蓄積していた。この数値は海外の猛禽類研究者も驚くくらい高い値だった。有機塩素化合物は代謝酵素を阻害し、癌、奇形、流産、不妊（性ホルモン異常）、免疫不全などの原因となることが知られている。また急性的には脳神経、運動神経の障害、視力障害を引き起こすと言われている。このクマタカも食物を通じて、体内に高濃度にPCBが蓄積したことにより、視神経が障害を受けたのではないかと思われた。保護された場所は鈴鹿山脈の中でもかなりの奥地であり、周囲はすべて森林である。そのような場所で、何が原因でこれほど高濃度のPCB汚染を受けることになったかはわからないが、クマタカの成鳥が環境汚染物質の蓄積により、現に死亡したということだ

図127　高濃度のPCBが蓄積していたクマタカの成鳥雄（左眼を失明していた）

けは紛れもない事実である。

さらに、イヌワシだけでなく、クマタカでも卵が孵化しない例が散見されている。鈴鹿山脈でも2000年以降、繁殖状況を継続している観察している15ペアのうち、3ペアで卵が孵化しなかった例が確認されている。しかも一度、卵が孵化しなくなると翌年も同じように孵化しない状態が続いていた。卵の孵化しない原因は無精卵なども考えられるが、近接地で高濃度のPCB汚染が確認された成鳥が発見された以上、環境汚染物質の影響も否定することはできず、今後も注意深く繁殖状況をモニタリングしていかなければならない。なぜなら、環境汚染物質の影響は単にイヌワシやクマタカの絶滅に関する問題だけではなく、私たち人間が生活する環境の安全性を確認することにもつながるからである。イヌワシやクマタカは生態系の食物連鎖の頂点に位置するだけでなく、寿命が長いため、環境中の汚染物質がごく微量であっても、長期間にわたって蓄積することにより、他の生物では確認することのできない障害を発生することにより、私たちに環境汚染の警告を発してくれる環境の見張り番であるからだ。

5．人々との係わり合い

前に述べたとおり、滋賀県内で初めてイヌワシの生息が確認されたのは1976年3月のことである。しかし、それまでイヌワシやクマタカのことを滋賀県に住む人々が知らなかったわけではない。

とくに山間部で生活していた人々とイヌワシやクマタカとの付き合いの歴史は長い。事実、伝説や民話のところで紹介したとおり、「イヌワシ」という名前では呼ばれていなかったものの、「大鷲」や「天狗」として、その存在は古くから人々に知られていた。また、クマタカも、時には「ハヤブサ」という名前で呼ばれ、イヌワシよりも身近に存在する、よく知られた猛禽であった。

イヌワシやクマタカは人間を寄せつけない、人間の手が入っていない山岳地帯にしか生息しないのではない。日本のイヌワシは、人々が森林を更新することにより創出される中小動物の多い開放空間も巧みに利用しながら、森林におおわれた日本の山岳地帯で生存してきたのである。クマタカも、炭焼きなどのための樹木の伐採により、森林の中に転々と創出される小さなギャップをハンティング場所の一つとして利用していたに違いないし、山間部の人家周辺の中小動物の多い林縁部も格好のハンティング場所になっていたものと思われる。イヌワシやクマタカは山間部で働く人々にとっては、決して珍しい存在ではなく、生活の中の一つの風景として存在していたのかも知れない。

図128 「びわ湖の森」に点在する炭焼き窯の跡

それではなぜ、そのように山間部に住む人々にとって身近な存在であったイヌワシやクマタカが、その生息すら知られなくなってしまっていたのだろうか？　それは、イヌワシやクマタカの生息数が減少したということだけではなく、人々の生活スタイルの急激な変化によるところが大きいものと思われる。

かつて、日本の山間部は木材の生産だけでなく、木炭や薪《まき》などの燃料の供給地としても重要な役割を果たしていた。山間部では至るところで炭焼きが行なわれ、小面積の伐採地が点在していたに違いない。定期的に薪を採るため、適度な間引きも行なわれ、林床部にもよく陽が差し込んでいたに違いない。また、屋根を葺《ふ》くための萱《かや》を確保するための萱刈り場もあった。まさに山間部の森林は人々の生活の場であり、森林資源を収穫する仕事の場でもあったのだ。

それが、昭和30年代以降、家庭に石油やプロパンガスが燃料として普及すると、人々が燃料を求めて山に入ることは激減してしまった。また、国の拡大造林政策によって、大規模に夏緑広葉樹林を伐採し、スギ・ヒノキを植林する事業が推進されたが、大規模な伐採、植林作業は、機械を用いた大掛かりな作業であり、専業の職人に作業は委ねられることが多くなった。このように山間部に生活する人々にとって、仕事の場としての森林の重みは急速に低下するとともに、都市部での仕事の需要が増加してきたために、山間部の若い人々は職業を求めて、村を離れて行ってしまったのだ。

第2次世界大戦後、わずか60年ほどの間に日本人のライフスタイルは激変し、本来、人間生活にとって貴重な自然資源の宝庫である山間部の森林地域は、人々の生活からかけ離れた存在となってしまった。その傾向は年々、加速度的に進行し、廃村となってしまったり、わずかな高齢者のみが残された形の集落が増えていった。その結果、イヌワシやクマタカと人間との接触の機会が少なくなったことも、イヌワシやクマタカの存在が知られなくなったことに関係しているのではないかと、私は思っている。

6．人も野生動物も元気に暮らせる森林文化の見直し

イヌワシの生息場所を調べるために、また、クマタカの分布密度を調べるために、「びわ湖の森」のあらゆるところをたずね歩いた。河川をさかのぼり、どんどん上流部に向かっていった。自動車では進めなくなり、草の茂る山道をひたすら歩くことも多かった。もうこんな所には人は住んでいなかっただろうと思われるような、源流部に近いところにも人家の面影を見いだすことがあった。それは、時には朽ち果てた家の一部であったり、貯水漕であったり、石垣であったり、人々によって植えられたナンテンや竹林であったりした。さらに驚いたのは、深い谷沿いに残る小さな水田の石積み跡や炭焼き窯《がま》の跡だった。炭焼き窯の跡は、クマタカの巣を探すために、急斜面を這い上り、いくつもの細い沢を越え、どこに来ているのかわからなくなるような山奥ですら、あちこちに見かけることがあった。ここで炭焼きが行なわれていた頃の「びわ湖の森」の風景はどのようなものだったのだろうか?

「びわ湖の森」の源流域には、いたるところに人々の生活があったのだ。そこは「びわ湖の森」の資源を持続的に利用する生活の場であり、「びわ湖の森」とうまくつき合うためのさまざまな経験に基づく工夫や知恵があったに違いない。厳しくも、豊かな自然との長い長いやりとりの中ではぐくまれてきた「森林文化」である。

イヌワシやクマタカの保護は、滋賀県でも金居原揚水発電ダム建設計画で社会的に大きな問題

になったように、1990年代に全国的な問題となり、1996年に環境庁（現、環境省）は『猛禽類保護の進め方―とくにイヌワシ・クマタカ・オオタカについて―』を発行し、生息地周辺に各種開発行為などがおよぶおそれがある場合に保護対策を講じるのに必要な調査方法及び配慮事項などを示した。さらに、1997年には「環境影響評価法」が制定され（1999年から本格施行）、大規模な事業においては、環境影響評価（アセスメント）が実施され、環境保全措置がとられることになった。これらにより、イヌワシやクマタカが生息している地域で、一定規模以上の改変工事を行なう場合には、生息状況に関する調査を行ない、保全対策を講じることとなり、全国各地で莫大な予算をかけて大規模な調査が実施されるようになった。

ところが、それらの調査内容や保全対策をみてみると、本当にイヌワシやクマタカを保全することにつながっているのか、疑問を抱いてしまうことがきわめて多い。産卵が確認されれば一律に工事を休止するとか、工事の影響、とくに騒音の影響の有無を、イヌワシやクマタカの反応状況によってモニタリングするといった、一時的な個体への配慮を行なうことを保全対策の「免罪符」にして工事を進めようとしているものがあまりにも多すぎる。本来の保全対策とは、工事にともなう改変によって生息場所の一部が失われることによる生息・繁殖への影響評価を適切に行ない、生息場所の機能を維持するための環境保全対策をきちんと講じることである。しかし、実際には、効果が明確ではない工事の休止や効果判定がほとんど不明である個体の反応のモニタリングという手続き的な保全対策だけで済まされていることばかりなのである。これらは、イヌワシやクマタカの保全にとって、あまり意味がないばかりか、むやみに工期を延ばすことにより、長期間にわたって繁殖活動に影響を及ぼすことになったり、むやみに営巣場所に接近するモニタリング調査を実施することにより、繁殖を妨害することになったりと、保全どころか、かえって生息状況に悪影響を及ぼしている事例も多い。

最も問題なのは、現在の生息環境を最善のものとして位置づけ、ともかく人の手を加えないようにすることが保全対策だと思っている人たちが多いことである。これまで再三述べてきたとおり、現在の植生環境は、イヌワシやクマタカにとって不利な状態であることも多く、工事による影響評価や保全対策を適切に行なうためには、まず何よりも、現状の生息場所の評価をきちんと行なうことが不可欠であるのだが、残念ながら、このことがほとんど認識されていないのである。

私が滋賀県で初めてその生息を確認したことの報告に対する重田さんの手紙の一文が、改めてここに思い起こされる。「若しイヌワシをほんとうに保護して残してやるなら、イヌワシを知りつくさなければならない。それも国内という特定条件の環境下で生息繁殖している個体だけでどうこう言っては誤りである。環境の全く異なった地帯（各国における）で生き続けているイヌワシの共通した生息繁殖しうる絶対条件で物をいわねばだめだ」。

重田さんは、生物を保護するには、その生物が真に必要としている生息条件を見出さねばならないと諭してくださった。その教えに従い、国内各地、世界各地のイヌワシの生息環境を見て比較することによって、イヌワシがどのような生息条件を必要としているのかを、ある程度知ることができた。しかし、今、日本でイヌワシを本当に保護しようとするには、さらに時代を越えたイヌワシの生活ぶりを見なければならないのではないか？　これまでイヌワシが日本という森林国に生存し続けることができた真の要因を明らかにすることにより、現在のイヌワシの生息環境を評価しなければならない、そういうことを重田さんは私たちに教えてくれているように思えてならない。

古くから日本人にとって「森」は豊かな自然資源に恵まれた生活の場であり、また稲作に不可欠な水を蓄え、供給してくれる、崇高な場所であった。現在でも山の入り口には「山ノ神」が祭られているのをよく見かける。日本人は、森を神の住むところとして、畏敬と崇敬の念を持って接するとともに、その資源を持続的に利用する知恵を編み出し、野生動物とも共生してきたのだ。

図129 「山ノ神」の石標（東近江市の鈴鹿山脈への登山口）

イヌワシやクマタカの保護は、生物の多様性と生産性に富む森林の再生なくしてはありえない。彼らを本当に保護しようとするのであれば、環境影響評価法に基づく環境改変工事のみに焦点を向けるのではなく、彼らの生息環境である森林の活性化に真剣に取り組まなくてはならない。猛禽類保護の意図は、彼らの生息を可能としていた、持続的利用の可能な日本の豊かな森林生態系の再生であり、日本人が山岳生態系の中で長期間にわたって育んできた森林文化の再評価に基づく、新たな森林文化を創造する生産活動の仕組みづくりであることを忘れてはならない。

そのためには、持続的に森林を利用し、その活動によって森林を活性化させるような新たな社会システムの構築が不可欠である。森林資源の価値を見直し、山間部における地域住民の生活をささえる社会資本整備を推進するとともに、大型猛禽類の生息できる環境をいかに回復させるかを地域ごとに考えねばならない。

「びわ湖の森」は琵琶湖を育むマザーフォーレストでもあるとともに、イヌワシやクマタカが舞う世界的にも類まれな多様性に富む豊かな森であり、私たち人間にとっても生活の基盤でもあった。今、私たちはこの恵まれた森林資源の価値を改めて認識しなければならないのではないだろうか？　そのことが、イヌワシやクマタカの保護につながるだけではなく、私たちの生活基盤でもある生態系の保全や自然文化・歴史の継承にもつながることにもなるのである。

「びわ湖の森」の空と森の王者が健全であること、それは「琵琶湖」が健全であることの証でもあるのだ。

図130　イヌワシとクマタカが舞う「びわ湖の森」

参考文献

Bailey, J. (1988) . *Birds of prey*. Facts On File Publications. New York.

Brown, L., and D. Amadon. (1968) . *Eagles, Hawks and Falcons of the World*, 2 Vols. Country Life Books, Feltham. U.K.

del Hoyo, J., A. Elliot & J. Sargatal (1994) . *Handbook of birds of the world*, Vol.2. Lynx Edicions, Barcelona

Grossman, M.L., and J. Hamlet (1964) . *Birds of Prey of the World*. Bonanza Books, New York.

Hiroyoshi Higuchi et al. (2005) . Migration of Honey-buzzards *Pernis apivorus* based on satellite tracking. Ornithological Science 4:109-115.

Kenward, R. (1987) . *Wildlife Radio Tagging*. Academic Press, London.

Newton, I. ed. (1990) . *Birds of Prey*. Merehurst Press, London.

Weick, F. (1980) . *Birds of Prey of the World*. Collins. London.

Weidensaul, S. (1996) . *Raptors THE BIRDS OF PREY*. Lyons & Burford, New York.

Yamazaki, T. (2000) . Ecological research and its relationship to the conservation programme of the Golden Eagle and the Japanese Mountain Hawk-Eagle. Pages 415-422 in R.D. Chancellor and B.-U. Meyburg [Eds.] , *Raptors at risk*. World Working Group on Birds of Prey and Owls, Berlin, Germany.

浅井町教育委員会編（１９８０）『ふるさと近江伝承文化叢書　浅井昔ばなし』浅井町教育委員会

知切光歳（２００４）『天狗の研究』原書房

学習研究社（２００７）「天空を舞う「鷹柱」ウオッチング」『学研くるみの木』Vol.3. 70-74. 学習研究社

伊吹町教育委員会編（１９８０）『ふるさと近江伝承文化叢書　伊吹町むかし話』伊吹町教育委員会

小林桂助（1968）『原色日本鳥類図鑑』保育社

クマタカ生態研究グループ（2000）「クマタカ・その保護管理の考え方」クマタカ生態研究グループ

日本鳥類保護連盟（2004）『希少猛禽類調査報告書（イヌワシ編）』日本鳥類保護連盟

日本鳥類保護連盟（2002）『鳥630図鑑』日本鳥類保護連盟

日本イヌワシ研究会（1984）「日本におけるイヌワシの食性」『Aquila chrysaetos』No.2 : 1-6.

日本イヌワシ研究会（1985）「ニホンイヌワシの繁殖時期」『Aquila chrysaetos』No.3 : 1-8.

日本イヌワシ研究会（1987）「ニホンイヌワシの行動圏（1980—1986）」『Aquila chrysaetos』No.5 : 1-9.

日本イヌワシ研究会（1997）「全国イヌワシ生息数・繁殖成功率調査報告（1981—1995）」『Aquila chrysaetos』No.13 : 1-8.

日本イヌワシ研究会（2001）「全国イヌワシ生息数・繁殖成功率調査報告（1986—2000）」『Aquila chrysaetos』No.17 : 1-9.

日本イヌワシ研究会（2003）「イヌワシにおける繁殖失敗の原因（1994—2000）」『Aquila chrysaetos』No.19 : 1-13.

日本イヌワシ研究会・財団法人日本自然保護協会（1994）『秋田県田沢湖町駒ヶ岳山麓イヌワシ調査報告書』財団法人日本自然保護協会

滋賀県生活環境部著・滋賀県教育委員会編（1997）『琵琶湖と自然』滋賀県

重田芳夫（1974）「東中国山地のイヌワシ」『東中国山地自然環境調査報告』106-140. 兵庫県・岡山県・鳥取県

東大寺編『東大寺の昔話し』（1983）東大寺

山岸哲ほか監修（2004）『鳥類学辞典』昭和堂

山岸哲ほか訳（2006）『イヌワシの生態と保全』文一総合出版

山崎亨（1985）「鈴鹿山脈におけるイヌワシの食性と獲物探索行動」『鳥』34：83
山崎亨（1996）「タカ目イヌワシ」『日本動物大百科 第3巻 鳥類Ⅰ』（樋口広芳、森岡弘之、山岸哲編）：164-165. 平凡社
山崎亨（2007）「ラジオトラッキングを用いた猛禽類の研究」『保全鳥類学』（山階鳥類研究所編）：235-260. 京都大学学術出版会
余呉町教育委員会編（1980）『ふるさと近江伝承文化叢書　余呉の民話』余呉町教育委員会

おわりに

イヌワシに初めて出会って、35年。その間、明けても暮れてもイヌワシとクマタカの生態解明と保護のために山に通い続けた。それほど、イヌワシもクマタカもそれぞれ人を惹きつける不思議な力を持った猛禽であり、調べれば調べるほどわからないことが出てくる「謎を秘めた奥深い」猛禽であった。

イヌワシやクマタカの寿命は、40年くらいはあるのではないかと思われている。そのことは、35年間ではまだ彼らの生活の1世代も見ていないということである。彼らの真の生態を明らかにするには一生をかけても足らないだろう。人間よりもはるかに長い期間、自然界の変化の中で種を維持してきたイヌワシやクマタカ。彼らが秘めている生きるための戦略は、私たちが短期間に調査したところで、そのすべてが明らかになるものではない。しかし、彼らが生きていくための戦略の一つひとつに、日本の森を元気にし、森の資源を持続的に利用できるヒントが隠されている。そう信じて、少しでも彼らの真の生態を明らかにすることに人生をかけてきた。

とくにクマタカ属の猛禽類は世界でもほとんど生態がわかっていない森林性猛禽類の一つであり、10種のうち、7種が東南アジアに生息している。東南アジアでは、現在も木材資源の利用やプランテーション造成などのために、日々大規模に熱帯雨林が伐採されている。熱帯雨林の大規模かつ無秩序な破壊は、単に野生動物の絶滅の危機という問題だけではなく、土石流や洪水の発生、水源の枯渇《こかつ》など、人間生活にとっても重大な問題を引き起こしている。

東南アジアの猛禽類を何とかしなければならない。クマタカの生態がまさに森林生態系と密接に関係していることに気づいた時、そう思った。東南アジアでは、その生息すら知られないまま、日々、熱帯雨林の消失とともに、数多くの猛禽類が姿を消しているに違いない。そう思うと、いてもたってもいられなくなった。

40歳になれば東南アジアの猛禽類の調査に取り組む。そう決意し、周りの人々に「東南アジアに吹き流れる風になりたい」と宣告した。日本でイヌワシとクマタカの生態調査を始めた時に、科学的な調査に必要な新技術を学んだのはアメリカであった。しかし、その技術はそのまま森林国、日本では通用しないものもあった。私たちが苦労と試行錯誤を繰り返しながら確立してきた、森林山岳地帯でも有効な調査技術を、アジアでの猛禽類の研究と保護に活かしたい。それが、私たちに懇切丁寧に調査技術や知識を教えてくださったアメリカの研究者の方々への恩返しにもなる。そう考えたからである。

クマタカ属の中で最も神秘的で魅力的なクマタカ。それは、ジャワクマタカだった。インドネシアのジャワ島にしか生息しないクマタカ属の猛禽で、世界で最も絶滅の危機にある猛禽類の一つとされている。ガルーダ神のモデルとして知られ、インドネシアの国鳥でもある。インドネシアの自然と文化を象徴するジャワクマタカを対象にすれば、東南アジアの熱帯雨林に生息する猛禽類の調査と保護を進めていく良いきっかけになるのではないかと思い始めた。

そのような思いをめぐらせていた1994年12月、山階《やましな》鳥類研究所から、JICA（国際協力機構）

の研修生として来日している東南アジアの2名に私たちのフィールドで猛禽類調査の現地研修を行なってもらえないかという依頼があった。その内の一人がインドネシア国立科学院のアセップさんだった。イヌワシとクマタカの生息場所を見て回り、クマタカがいかに森林生態系と密接な関係にあるかを説明した。クマタカが必要とする環境が明らかになれば、科学的なデータに基づいた熱帯雨林の保護策を打ち出せるし、地域住民との共生も図れるのではないか。猛禽類の生態系における重要性や生態についてほとんど知見がなく、調査も行なわれていなかったインドネシアのアセップさんにとっては、かなりのカルチャーショックだったようだ。そして、実際に森林内にいるクマタカの位置を推定するラジオトラッキング調査を実習していた時、彼はこう言った。

「インドネシアでもこのような調査を実施したい」

早速、地球環境基金に助成金の申請を行ない、1995年8月にインドネシアのジャワ島に出かけた。アセップさんたちとジャワクマタカに関する情報を集め、生息していると思われる場所を見て回った。日本で開発した電波発信機の有効性を熱帯雨林の中で確認する試験も行なった。私たちは、このプロジェクトを「ガルーダ・プロジェクト」と名づけ、クマタカ生態研究グループのメンバーが交替で現地に赴き、地道なジャワクマタカの分布や生態の調査に取り組んだ。

その結果、ジャワクマタカも決して「幻の鳥」ではなく、人家近くや国立公園の外側にも生息していることが明らかになってきた。現地調査を重ねるごとに、多くのインドネシアの学生や若者が調査に参加するようになり、自然環境保全における猛禽類の重要性を自覚し、自発的に調査や地域住民を巻き込んだ教育啓発活動を展開するメンバーも現れてきた。

はるか彼方の夢のようであった東南アジアにおける、自発的な猛禽類の調査と保護の活動が芽生えたのだ。アジア各国における猛禽類の調査と保護を連携して進めていこう、そういう機運がたかまり、1998年12月、滋賀県立琵琶湖博物館において、「第1回東南アジア猛禽類シンポジウム」が開催されることになった。信頼関係と情熱だけに支えられた手作りの国際シンポジウムであったが、13カ国230名が一堂に会し、アジア各国における猛禽類の現状や調査結果を発表するとともに、これからどのようにアジアにおける猛禽類の調査と保護を進めていくのかについて、熱心に意見が交わされた。

翌1999年、シンポジウムでの大会宣言を受けて、日常的に情報や新たな知見を交換する組織、「アジア猛禽類ネットワーク」が発足した。「東南アジア」ではなく、「アジア」となったのは、トルコやサウジアラビアの研究者から、私たちも是非とも参加したいので、「アジア」という枠にしてほしいとの要望があったからだ。

シンポジウムは概ね2年に一度、アジア各国が持ち回りで開催することとなり、第2回は2000年にインドネシア、第3回は2002年に台湾、第4回は2005年にマレーシア、そして本年2008年にはベトナムで第5回シンポジウムが開催された。シンポジウムが開催されるたびに、アジア各国で猛禽類の調査や保護に関心を持って活動を開始する若者が増えている。とくに、インドネシアでは年を経るごとにその活動はインドネシア全域に広がるとともに、学生やNGO、国の研究機関、地方政府、地域住民等が連携を持って、猛禽類を核とした地域ごとの自然環境保全と地域住民の生活基盤の確保に取り組むプロジェクトが開始されるようになってきているし、調査結果から国立公園の範囲を拡大するなどの成果もあがりつつある。

アジアは世界でも有数の生物多様性に富む豊かな自然に恵まれた地域である。その豊かな自然のもとに、アジアには多様な人々が生活し、多様な文化が育まれてきた。ところが近年、その基盤となった豊かで多様な自然が、大規模な森林伐採や大規模な開発によって、恐ろしい勢いで破壊されつつあり、地域住民の生活を脅かすような災害や環境問題も多発している。

そのような時期に、アジア各国において、生態系の安全性と安定性の指標となる猛禽類の重要性を認識する人たちが増えつつあることに感慨深いものを感じる。彼らの素晴らしい点は、自国の自然は自分たちで守るという自負と責任感に満ち、地域住民と一体となった、借り物でもない、押し付けでもない、独自の活動を展開していることである。今後、アジア各国で、このような自然と共生するというアジアの文化を再認識した、真の猛禽類保護が展開していくことを信じてやまない。

猛禽類の調査や保護は、膨大な時間と労力を要する、とても大変なことである。一人では何もできないし、短期間では本当の成果はあがらない。これまでイヌワシやクマタカの調査、さらにはアジアにおける活動を続けてこられたのは、素晴らしい仲間や家族のお陰である。不思議なことに、ことある度に思いがけないことが起きたり、思いがけない人との出会いがあったりした。神がかり的な出来事を起こすことのできる猛禽類が仕向けた運命ではないかと思うくらい、奇跡的な出会いが数多くあった。そのことが新たな展開を生み、人々に支えられながら、さまざまな活動を行なうことができたのだと思う。

とくに、滋賀県で初めてイヌワシを発見した頃から毎週末、休日に山を駆け回った井上剛彦氏、山崎匠氏、細井忠氏、片岡仁志男氏、真崎健氏とは本当に苦楽をともにした。また、クマタカという、とても手ごわい猛禽類の生態研究に共に取り組んだ「クマタカ生態研究グループ」のメンバー（井上剛彦、細井忠、藤田雅彦、上古代吉四、加藤晃樹、中川望、新谷保徳、原一尚、江口淳一、石川正道、一瀬弘道、山崎敦子、山崎翔気、岩崎雅典、加藤孝、中西幸司、吉田由季子、松井苗子、岡田学、小澤俊樹、小澤知子、板津育代、村手達佳、西浩司、中野晋、山崎匠、能政研介）にも心からお礼を申し上げたい。

さらに、この「びわ湖の森の生き物シリーズ」の出版を持ちかけてくださった高橋春成氏、企画から出版まで一貫してアドバイスを頂いたサンライズ出版の岸田幸治氏に心から感謝申し上げます。

■著者略歴

山﨑　亨（やまざき・とおる）

1954年滋賀県生まれ、鳥取大学獣医学科卒業後、信州大学教育学部生態学研究室で鳥類生態学を学ぶ。1977年から滋賀県職員として、畜産行政や家畜伝染病予防業務に携わりながら、ライフワークとして、イヌワシ・クマタカの生態研究および野生動物医学を通じた自然環境保全に取り組む。1995年からアジアの猛禽類の研究と保護の推進に着手し、1998年にアジアで初めての猛禽類シンポジウムを滋賀県で開催したのを機に、1999年にアジア猛禽類ネットワークの設立に尽力。2004年に滋賀県職員を辞め、アジアの自然環境保全を図るため、アジア各国での地域住民と一体となった猛禽類の研究と保護活動に傾注している。

びわ湖の森の生き物1

空と森の王者イヌワシとクマタカ

2008年10月20日　初版1刷発行
2009年8月10日　初版2刷発行

著　者　山﨑　亨

発行者　岩根順子

発行所　サンライズ出版
〒522-0004　滋賀県彦根市鳥居本町655-1
TEL 0749-22-0627　FAX 0749-23-7720

印刷・製本　P—NET信州

Printed in Japan
ISBN978-4-88325-372-2

乱丁本・落丁本は小社にてお取替えします。
定価はカバーに表示しております。

びわ湖の森の生き物 シリーズ

日本最大の湖、琵琶湖をとりまく山野と河川には、大昔から人間の手が加わりながらも、人と野生動物とが共生する形で豊かな生態系が築かれてきました。当シリーズでは、水源として琵琶湖を育んできたこれらを「びわ湖の森」と名づけ、そこに生息する動植物の生態や彼らと人との関係を紹介していきます。

人家からそう遠くない場所に生きる彼らのことも、まだまだわからないことばかりです。生き物の謎解きに挑む各刊執筆者の調査・研究過程とともに、その驚きの生態や人々との興味深い関わりをお楽しみください。

■…既刊

1 空と森の王者 イヌワシとクマタカ
山﨑亨

2 ドングリの木は なぜイモムシ、ケムシだらけなのか？
寺本憲之

3 湖と川の回遊魚 川と湖の回遊魚ビワマスの謎を探る
藤岡康弘

4 森の賢者カモシカ
名和明

以下続刊